煤矿区煤层气开发利用全生命周期综合评价及发展战略

赵路正　吴立新　编著

中国石化出版社

内 容 提 要

本书为“十三五”国家科技重大专项“大型油气田及煤层气开发”隶属课题“煤矿区煤层气开发利用全生命周期综合评价及发展战略”的研究成果，研究搭建煤层气开发利用全生命周期能效环境测试方法和平台，开展煤层气开发利用全生命周期能效环境监测，建立煤矿区煤层气开发、集输和利用全生命周期的技术-经济-环境综合评价方法，形成评价模型和评价软件系统，开展多项煤层气开发、集输和利用技术的综合评价，预测煤矿区煤层气开发利用潜力，提出面向2035年煤矿区煤层气开发利用技术路线图，并且从技术和政策层面提出煤矿区煤层气产业化发展建议。

本书可供从事煤矿区煤层气开发利用的管理者、科技工作者、研究开发人员以及有关高等院校师生阅读参考。

图书在版编目(CIP)数据

煤矿区煤层气开发利用全生命周期综合评价及发展战略／赵路正，吴立新编著．—北京：中国石化出版社，2022.1
ISBN 978-7-5114-6527-6

Ⅰ.①煤… Ⅱ.①赵… ②吴… Ⅲ.①煤层-地下气化煤气-资源开发②煤层-地下气化煤气-资源利用
Ⅳ.①P618.11

中国版本图书馆CIP数据核字(2022)第017068号

中国石化出版社出版发行

地址：北京市东城区安定门外大街58号
邮编：100011　电话：(010)57512500
发行部电话：(010)57512575
http://www.sinopec-press.com
E-mail：press@sinopec.com
北京力信诚印刷有限公司印刷
全国各地新华书店经销

*

787×1092毫米 16开本 9.75印张 214千字
2022年3月第1版　2022年3月第1次印刷
定价：68.00元

编 委 会

主编 赵路正 吴立新

编者 任世华 陈 茜 管世辉 秦容军

曲 洋 孙刘伟 郝成亮 槐衍森

李 鑫 魏 涛 郑德志 张亚宁

胡炳南 赵 娆 续岩岩 朱乾浩

前言

煤层气(即煤层甲烷，又称煤矿瓦斯)是一种储存于煤层及其邻近岩层中以自生自储式为主的天然气，是宝贵的清洁能源。煤层气以吸附或游离状态赋存于煤层及周围岩层中，且以吸附相态为主，达95%以上，这与常规天然气在储集层中以游离相态存在的储气方式截然不同。

煤炭在过去相当长的时间内一直是我国的主体能源，在今后较长时间内对我国能源安全稳定还将发挥基本保障作用。据研究资料显示，国家发展改革委规划的14个煤炭基地总面积10.34万km^2，查明煤炭资源储量为1.02万亿t，煤层气资源量约12万亿m^3，技术可采资源量5.9万亿m^3。煤矿区煤层气与煤炭同源共生，是指生产煤矿井田范围内煤层赋存的煤层气资源，是我国煤层气资源的重要组成部分，是油气资源的重要补充。煤矿区煤层气开发利用不仅有利于增加清洁能源供给、保障煤矿安全生产，而且对降低温室效应、助力碳中和目标实现具有重大战略意义。

煤矿区煤层气开发是煤层气开发的重要方式，因此，“十一五”到“十三五”期间的国家科技重大专项“大型油气田及煤层气开发”中，设立了“煤矿区煤层气开发与利用”项目，“煤矿区煤层气战略研究”作为“煤矿区煤层气开发与利用”项目的“纲”，被列为研究课题，期望通过战略课题研究，宏观上指导中国煤矿区煤层气产业化发展方向。“十一五”和“十二五”期间，煤矿区煤层气产业发展重点关注单项技术的研发和示范(或工程)，建立了煤矿区煤层气利用的单项技术综合评价模型，形成了客观的单项技术评价结论。随着认识不断深入和环境形势影响的加剧，煤矿区煤层气开发过程的能源消耗与煤层气利用实现的能源节约相比、开发投入的成本与利用实现的价值相比是否有正效益，什么条件下有正效益，如何提高煤矿区煤层气开发利用的综合效益等问题，越来越受到关注；但认识都不统一，在很大程度上制约了煤矿区煤层气开发利用的产业化发展。因此，迫切需要在煤层气利用单项技术评价的基础上，从全生命周期的角度，建立客观的、统一的煤矿区煤层气开发利用全生命周期综合评价模型，评估不同地区、不同地质条件的煤矿区煤层气抽采—集输—利用的全过程能源消耗、经济性、环境效益，促进形成统一认识，促进煤矿区煤层气开发利用的产业化发展。

“十三五”期间，“煤矿区煤层气开发利用全生命周期综合评价及发展战略”被列入国家科技重大专项煤矿区煤层气项目的研究课题，通过搭建煤层气开发利用全生命周期能效、环境测试方法和平台，开展煤层气开发利用全生命周期能效、环境监测，建立煤矿区煤层气开发、集输、利用全生命周期的技术-经济-环境综合评价方法，形成评价模型和评价软件系统，预测煤矿区煤层气开发利用潜力，提出面向2035年煤矿区煤层气开发利用技术路线图，并且从技术和政策层面提出煤矿区煤层气产业化发展建议。

国内开展煤矿区煤层气领域的战略性研究还很少，《煤矿区煤层气开发利用全生命周期综合评价及发展战略》研究涵盖了煤矿区煤层气开发利用现状、技术最新进展、发展潜力与发展趋势。由于煤矿区煤层气领域研究是涉及众多专业的复杂系统工程，难度大，加上研究人员水平有限，谬误之处在所难免，恳请该领域的专家同仁批评指正。

目录

第 1 章

煤矿区煤层气开发利用形势与现状

1.1 煤矿区煤层气开发利用面临新形势与新要求

1.1.1 能源供应安全保障对煤层气产业发展提出新需求

煤矿区煤层气属于非常规天然气，是一种优质、高效、清洁的低碳能源。在我国能源转型中，天然气是最为重要和现实的选择，能够与可再生能源形成良性互补。加大天然气利用规模，提高清洁能源比重，也是我国稳步推进主体能源更替，加快建设清洁低碳、安全高效的现代能源体系的必由之路。“十三五”时期，天然气在能源发展中的定位，是以提高天然气在一次能源消费结构中的比重为目标，大力发展天然气产业。近年来，随着生态文明建设和绿色发展，以及大气污染防治攻坚战等行动的推进，天然气的需求量呈现爆发式增长。我国天然气对外依存度不断攀升，2017 年冬天甚至出现了大范围的“气荒”。能源供应安全保障问题对天然气提出了新需求，而煤层气作为国内非常规天然气资源，其发展也出现了新的空间。

根据《中华人民共和国国民经济和社会发展第十四个五年规划和 2035 年远景目标纲要》《中国能源革命十年展望(2021—2030)》等相关文件，2025 年天然气在一次能源中的消费比例将由 2020 年的 8.4%提高到 10%以上，天然气需求量从 4.18 亿 tce(1tce 即 1t 标准煤当量)增加到 5.5 亿 tce 左右。2020 年我国天然气对外依存度为 43%，近年来产量增长乏力，未来天然气需求缺口将不断加大。

我国煤炭资源和煤层气资源丰富，埋深 2000m 以浅探明和预测煤炭资源量 5.57 万亿 t，煤层含气面积 41.5 万 km^2；根据国家自然资源部 2015 年最新动态评价结果表明，全国埋深 2000m 以浅煤层气地质资源量 30.05 万亿 m^3，煤层气可采资源量 12.50 万亿 m^3；其中，埋深 1500m 以浅煤层气可采资源量 8.77 万亿 m^3，埋深 1500~2000m 煤层气可采资源量 3.73 万亿 m^3。煤矿区煤层气可成为中国常规天然气最现实、最可靠的补充。大力推进煤层气(煤矿瓦斯)开发利用，有利于增加清洁能源供应，优化能源结构。

煤矿区煤层气作为一种优质高效清洁能源，目前已广泛应用于发电、工业燃料和居民生活燃料、汽车燃料等多个领域，也可用于生产合成氨、甲醛、甲醇、炭黑等方面，是一种热值高的洁净能源和重要原料。2020 年，煤矿区煤层气井下抽采利用量 57 亿 m^3，利用率为 44.5%，其中国有重点煤矿的煤矿区煤层气用作发电、民用、其他用气占比分别为 77%、16%和 7%。2016—2020 年，全国累计利用煤层气(煤矿瓦斯)264 亿 m^3，相当于节约标准煤 3194 万 t。

1.1.2 生态文明建设对清洁能源需求保持持续增长态势

新时代绿色低碳发展与生态文明建设的被重视程度与工作力度达到了空前的水平，习近平总书记在国际国内多个场合明确提出绿色低碳发展理念。2017 年 12 月中央经济工作会议提出“推动高质量发展”，其中，“绿色成为普遍形态”成为高质量发展具体内涵和要义的五个组成之一。2018 年 1 月 30 日，中央政治局第三次集体学习中，习近平总书记提出“要建设资源节约、环境友好的绿色发展体系”。2018 年 5 月 18 日至 19 日，全国生态环境保护大会召开，习近平总书记出席会议并发表重要讲话，强调要加大力度推进生态文明建设、解决生态环境问题，坚决打好污染防治攻坚战，推动我国生态文明建设迈上新台阶。2020 年 9 月，习近平总书记在第七十五届联合国大会一般性辩论上的讲话中提出，2030 年前力争实现“碳达峰”、2060 年前努力争取实现“碳中和”的目标。生态文明建设的宏观环境下，我国对清洁能源需求将保持持续增长态势，煤层气（煤矿瓦斯）产业的发展，对减少污染物和温室气体排放，保护大气环境具有举足轻重意义。

煤层气（煤矿瓦斯）的温室效应是二氧化碳的 21 倍，加快煤层气（煤矿瓦斯）开发利用，不断提高利用率，可降低温室气体排放，保护大气环境。煤层气替代煤炭燃烧利用，也可有效降低二氧化硫、烟尘等大气污染物排放总量，减少粉煤灰占地产生的环境问题，避免煤炭加工、运输时产生的扬尘等大气污染，有利于改善大气环境。截至 2020 年年底，全国煤矿瓦斯发电总装机容量达 2000 万 kW 以上，民用户数 400 万户以上。2016—2020 年，全国累计利用煤层气（煤矿瓦斯）264 亿 m^3，减排二氧化碳 3.96 亿 t，以全国碳交易市场价格 50 元/t 计，通过出售碳减排额，可获得碳减排收益 198 亿元。

1.1.3 煤矿安全生产对降低瓦斯灾害威胁提出了新要求

国家对煤矿安全生产要求越来越严，标准越来越高。《煤炭安全规程》（2016 版）明确提出有突出危险煤层的新建矿井必须执行先抽后建的新规定。“先抽后建”的目的在于在高瓦斯突出煤矿建设前，布置地面钻井预抽煤层瓦斯，降低煤层瓦斯含量和压力，实现将高瓦斯突出煤层改造为非突出低瓦斯煤层，减弱或消除将来建矿和生产时瓦斯的灾害和威胁。

通过地面预抽煤层气，降低高瓦斯突出矿井瓦斯含量，使瓦斯含量降至煤矿生产安全阈值之下，从而保障煤炭企业的正常生产以及煤炭工业的持续发展，减少国家和人民的经济损失和生命损失。自开展煤矿区煤层气开发以来，煤矿瓦斯灾害呈逐年下降态势，2005 年、2010 年、2015 年和 2020 年瓦斯事故死亡人数分别为 2171 人、745 人、226 人和 30 人，2020 年瓦斯事故死亡人数较 2015 年下降 85.7%，2005—2020 年全国煤层气产量与瓦斯事故死亡人数统计如图 1-1 所示。

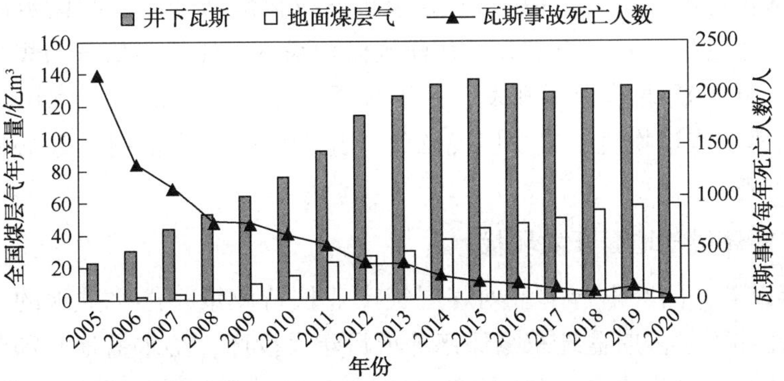

图 1-1　2005—2020 年全国煤层气产量与瓦斯事故死亡人数统计图

另外，煤层气开发利用安全效益还体现在降低煤矿职业病率、减少煤矿瓦斯治理费用、提高煤矿开采效率等方面。利用煤矿瓦斯抽放钻孔进行综放面煤层注水防尘，是预防煤矿工作人员尘肺病发生的一个非常好的措施。据统计，将注水防尘区域测尘数据与不注水（静压）区域的测尘数据进行比较可知：呼吸尘降低 70%，全尘降低 80%，大大提高井下工作环境，降低煤矿的尘肺病的发病概率，有效减少因职业病而带给企业的赔偿支出。一般煤矿安全投入占整个生产成本的 30%以上，通过抽采煤层气降低煤层瓦斯的含量，减少一定的瓦斯安全建设投入。通过实施先抽后采、煤气共采、采煤采气一体化，矿井工作面生产力得到解放，产煤效率大幅提高，为煤炭企业带来可观收益。

1.1.4 国民经济发展需求为煤层气产业发展带来新契机

煤层气产业已经成为一个新的经济增长点，实现煤层气抽采规模化、利用产业化，需要大量投资建设煤层气勘探开发、井下抽采、配套管网和利用工程，不仅能为社会经济发展提供充足动力，同时也能创造大量的就业机会和巨大的社会财富。

“十三五”期间，全国累计实施二维地震勘探 3929km，三维地震勘探 131km^2，施工各类煤层气探井和开发试验井 2243 口。建成投产彬长矿区瓦斯治理及利用地面抽采集输管网一期工程、龙门汇成投资有限公司集输管线、韩-渭-西煤层气管道渭南分输站与西气东输二线 94$^\#$阀室联络线、永 1 集气站-西气东输一线 87$^\#$阀室联络线等 10 条输气管道项目及若干在建项目。截至“十三五”末，输气管道建设投资近 2 亿元，全国建设煤层气长输管线超过 4300km，年输气能力 235 亿 m^3；煤层气利用产业（发电、燃料、液化、化工等）也得到了充分发展。

煤层气开发利用产业链的建设涉及多个领域，可有效带动钢铁、建筑施工、装备制造、运输及相关服务行业的发展，能够有效促进投资需求扩大和增加就业。

1.2 煤矿区煤层气开发利用现状及问题

1.2.1 煤矿区煤层气开发现状

通过半个多世纪的煤矿井下抽采和 10 余年商业化地面开发，我国走出了一条中国特色的集煤层气地面勘探开发、煤矿井下瓦斯规模抽采于一体的煤层气与煤炭两类矿产资源协同开采之路，并形成集勘探和开发、井下抽采、工程技术服务、气田集输、压缩和液化、LNG/CNG 槽车汽运物流、城乡居民燃气、瓦斯发电、装备制造等上中下游一体化的完整的煤层气产业链。

1.2.1.1 煤矿区煤层气地面开发现状

自 2007 年以来，国家出台一系列煤层气产业扶持政策，沁水盆地的潘河、潘庄、成庄、樊庄、郑庄和鄂尔多斯盆地东缘保德等项目建设投产，沁水盆地和鄂尔多斯盆地东缘两大煤层气产业基地初步建成。我国地面煤层气开发从无到有，产量实现稳步快速增长。

“十三五”期间地面煤层气累计产量 268.32 亿 m^3，其中 2020 年全国地面煤层气开发产量为 67 亿 m^3，达到了 2010 年的 4 倍以上，如图 1-2 所示。

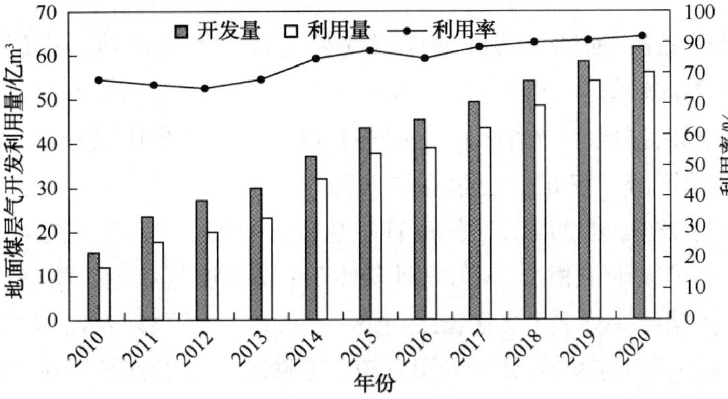

图 1-2　2010—2020 年全国煤层气开发利用情况

煤矿区煤层气地面开发成功于山西晋城矿区，之后逐步推广到潞安矿区、阳泉矿区、西山矿区、离柳矿区以及皖、陕、豫、辽、黑等省区的主要煤矿区。煤层气地面产量主要来自中国石油、中国海油(中联公司)、晋煤集团、中国石化等煤层气开发企业，4 家企业煤层气产量占全国总产量的 98%。此外，新疆科林思德等其他企业占比 2%。

1.2.1.2　煤矿区煤层气井下抽采现状

自 20 世纪 50 年代开始，煤矿井下瓦斯抽采由本煤层钻孔抽放，已发展为穿层抽采、采动抽采、井上下联合抽采等多种抽采方式。2005 年以来，随着国家加强对煤矿瓦斯抽采管理、煤炭产量增长以及抽采技术进步，煤矿瓦斯井下抽采量逐年上升并进入平台期，抽采量稳定在 130 亿 m^3左右。2020 年全国煤矿区煤层气井下抽采量为 128 亿 m^3，比 2005 年增长了 4.8 倍。如图 1-3 所示。

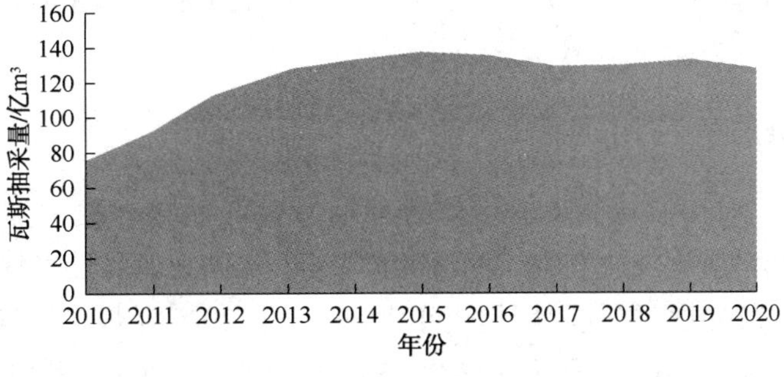

图 1-3　2010—2020 年全国煤矿瓦斯井下抽采量

我国煤矿瓦斯抽采量主要分布在山西、贵州、安徽、河南等地。根据 2016—2019 年各省平均瓦斯抽采量情况分析，煤矿瓦斯抽采量达到 5 亿 m^3的省份有山西(63.64 亿 m^3)、贵州(25.8 亿 m^3)、安徽(6.75 亿 m^3)、河南(6.18 亿 m^3)；煤矿瓦斯抽采量达 1 亿 m^3的省份有重庆(4.43 亿 m^3)、陕西(4.09 亿 m^3)、四川(3.5 亿 m^3)、黑龙江(3.11 亿 m^3)、辽宁(2.03 亿 m^3)、河北(1.92 亿 m^3)、甘肃(1.87 亿 m^3)、云南(1.15 亿 m^3)等 12 个省份。

1.2.2 煤矿区煤层气集输现状

“十二五”到“十三五”期间，我国的煤层气长输管道发展迅速。煤层气长输专用管道或者煤层气与天然气联输管道已覆盖所有煤层气开发区块，包括沁水盆地南部和北端及西山古交地区、鄂尔多斯盆地东缘诸区块、新疆准噶尔盆地南缘煤层气开发区块、川南筠连沐爱煤层气开发试验区等，满足或超过煤层气开发需要。

“十三五”末期，全国建设煤层气长输管线超过 4300km，年输气能力 235 亿 m^3。包括山西省贯穿全省的“三纵十一横、一核一圈多环”省级煤层气(天然气)输送管网、通豫煤层气长输专用管线(端氏—博爱)及延长线(博爱—郑州)(气源来自沁水盆地南部的潘庄等煤层气区块)、金峰-西气东输煤层气专用管道(气源来自沁水盆地南部的樊庄等煤层气区块)、韩城-渭南-西安(气源来自鄂尔多斯盆地东缘南端韩城煤层气区块)等近十条煤层气外输专用管道。神木-安平煤层气长输专用管道处于在建阶段，该管道途径神木、吕梁、忻州、太原、阳泉、石家庄、保定、衡水等地，跨越鄂尔多斯盆地东缘、沁水盆地北端煤层气及煤系气产区。

山西省煤层气输配系统初具规模，建成管网总里程超过 9000km，实现了全省 11 个地级市管网全覆盖、煤层气区块输气管网全覆盖，省级输气支线也已通往各县(市、区)、重点乡镇和大工业用户，管道覆盖率达 83%。

据有关资料显示，“十二五”期末全国投运煤层气压缩(液化)站 20 余座，压缩液化日产能力达 320 万 m^3以上。“十三五”期间，煤层气液化产业集群主要集中在沁水盆地煤层气产业化基地的核心区沁水县。仅沁水县现有煤层气液化工厂 6 座，液化日产能力已达 530 万 m^3。2017 年，沁水县全县液化煤层气产量达 76.5 万 t(折合 11.5 亿 m^3)，创历史新高。现有液化煤层气(LNG)及压缩煤层气(CNG)公路运输企业 5 家，LNG 年运输能力约 25 万 t，CNG 年运输能力为 3.5 亿 m^3。2017 年，完成 CNG 运输 4117 万 m^3，LNG 运输 13.6 万 t。

1.2.3 煤矿区煤层气利用现状

“十一五”以来，针对煤矿区煤层气浓度低、气源不稳定、集中度低、经济性差等问题，围绕低浓度煤层气安全输送及浓缩利用开展了系列攻关，对提高煤矿区煤层气利用率发挥了重要作用，煤矿区煤层气利用量逐年大幅上升。2020 年煤矿区煤层气井下抽采利用量为57 亿 m^3，利用率 44.5%，利用量比 2015 年增加了 20.83%，利用率比 2015 年提高了 10 个百分点。如图 1-4 所示。

我国煤矿区煤层气利用途径有民用燃料、工业用燃料、发电、汽车燃料和化工原料等，目前主要集中在发电和民用领域，截至 2020 年年底，全国煤矿区煤层气发电总装机容量达 2000 万 kW 以上，民用户数 400 万户以上。根据“十三五”期间各省煤矿区煤层气利用量分析，山西和贵州是煤层气利用主力，两地煤层气利用量占全国利用量的 72%。煤矿区煤层气年平均利用量达到 5 亿 m^3的省份有山西、贵州；年平均利用量达到 2 亿 m^3的省份有重庆、安徽；年平均利用量达到 1 亿 m^3的省份有四川、河南、陕西、辽宁等。

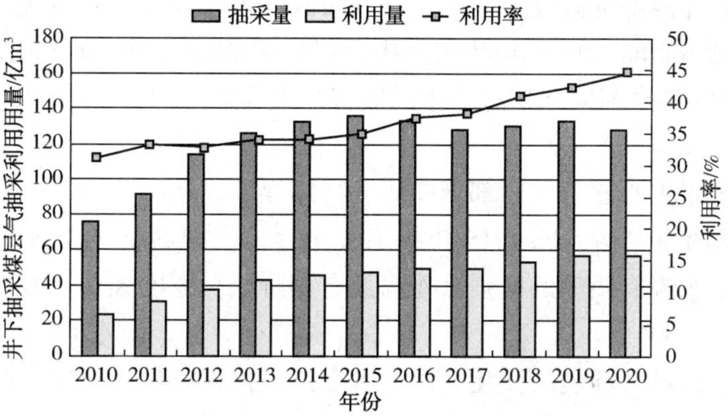

图 1-4　井下抽采煤矿区煤层气利用量

1.2.4　煤矿区煤层气开发利用面临挑战与存在问题

1. 煤炭去产能深入推进，对煤层气产量提高带来挑战

“十三五”以来，受煤炭去产能影响，部分煤与瓦斯突出和高瓦斯矿井被强行关闭或进入收缩性开采。《2020 年煤炭行业发展年度报告》显示，“十三五”煤炭去产能目标任务超额完成，在国家有关部门和主要产煤省区地方政府的领导和推动下，持续推动化解过剩产能、淘汰落后产能、建设先进产能，截至 2020 年年底，全国累计退出煤矿 5500 处左右、退出落后煤炭产能 10 亿 t 以上，超额完成《国务院关于煤炭行业化解过剩产能实现脱困发展的意见》(国发[2016]7 号)提出的化解过剩产能目标。煤炭去产能的推进，制约了煤矿区煤层气抽采量的提高，致使煤矿区煤层气井下抽采量进入平台期。据调研，淮南、龙煤等 10 家煤矿企业瓦斯抽采量占全国比例为 35%，“十三五”期间退出矿井 90 余个，涉煤产量 6500 万 t，退出前矿井瓦斯年抽采量 4.1 亿 m^3，如图 1-5 所示。

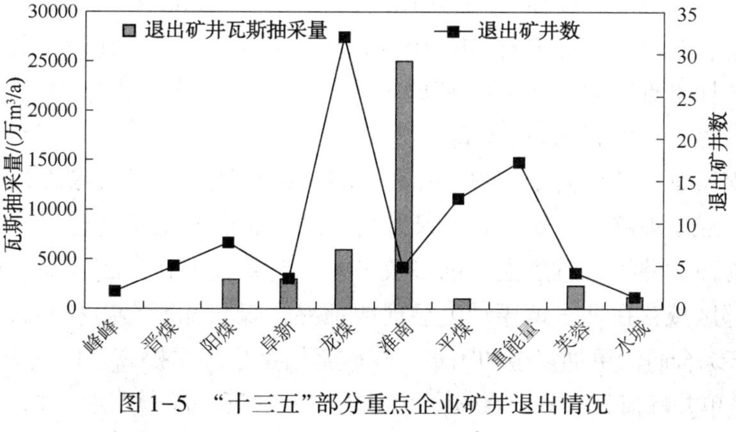

图 1-5　“十三五”部分重点企业矿井退出情况

2. 东部煤矿采深加大、产能向西部转移，给深部、西部复杂条件矿井煤层气开发技术带来挑战

我国中东部矿井浅部资源逐渐衰竭，已转向深部高应力、高瓦斯含量区，部分矿井开采深度达到或超过1000m。2010年我国大中型煤矿平均深度仅为456m，采深超千米的矿井为20余个；2020年全国采深超过千米的灾害严重煤矿达到了39处，均分布在我国中东部及东北部地区。

同时，煤炭开采重心逐步向西部低变质、特厚煤层区转移，2020年西部地区煤炭产量23.3亿t，占全国的59.7%，比2015年提高5个百分点。新疆煤层气地质特点与沁水盆地、鄂尔多斯盆地东缘有明显的区别，普遍具有煤阶低、厚度大、层数多、倾角大等独特地质特点。

随着煤炭开采区域、环境的变化，煤矿区煤层气抽采条件随之发生改变，针对中东部深部资源、西部地区低阶煤、低含气量等资源赋存条件下的煤矿区煤层气规模化开发技术有待进一步研究攻关。如深层煤层气甜点区预测技术、深层煤层压裂配套工艺技术、精细化排采技术等，以及中低阶煤煤层气资源评价与选区理论、大倾角多煤组采动区和碎软低渗首采层煤层气抽采利用技术等。

3. 煤矿区煤层气开发面临抽采条件差、难度大、成本高、抽采装备和抽采工程欠账多等问题

1）煤层抽采条件差、抽采难度增大

我国煤层气资源虽然较为丰富，但成煤条件多样、成煤时代多期、煤变质作用叠加，地质条件与技术瓶颈成为制约煤层气产业发展的客观挑战。我国的煤层赋存条件复杂，整体保存条件较差。煤矿开采的近半数煤层不具备保护层开采条件，瓦斯抽采效果差。我国煤层气储存条件具有“三低一高”(低饱和度、低渗透性、低储层压力、高变质程度)的特点，此类条件下的煤层气开发是世界性难题，碎软煤所占比例较大，约为60%，这就导致地面压裂效果差、井下钻孔施工难等。据统计，构造煤、超低渗、深部以及低阶煤等难采资源量占我国煤层气资源总量的2/3以上。常规油气技术和国外常规的煤层气开发技术，也不适用我国难采的煤层气资源。尤其在河北、山西、黑龙江、安徽、河南、湖南、重庆、贵州、甘肃、四川、宁夏等省(市、区)煤炭开发区域，煤层瓦斯含量高、压力大、透气性普遍较差，抽采难度大、抽采效率低。

2）煤层气(煤层瓦斯)抽采成本高

受地质、煤层赋存条件复杂，煤层瓦斯含量的差异性大，煤层渗透系数低，解吸煤层气残留量较大，煤层埋藏深，钻井技术及装备水平、储层强化及增透技术水平限制等一系列因素影响，地面钻井抽采难度大、抽采效果差、钻井成本高；随着采深加大、抽采难度指数增强，局部区域存在冲击地压动力显现或征兆，煤与瓦斯突出和冲击地压危害相互强化，使煤矿灾害综合防治更加复杂和困难，煤矿瓦斯抽采成本提高。以重庆为例，地面单井投资285万元、单井峰值日产量1500m^3、财政补贴0.3元/m^3、煤层气井口售价1.2元/m^3，项目内部收益率才能达到8%，而重庆地区难以实现“单井峰值日产量1500m^3”，且渝南地

区天然气井口市场售价仅 0.8 元/m^3；重庆松藻煤电公司每年抽采总钻尺 340 万~359 万 m，平均万吨煤矿抽采钻尺 6100m 以上，预抽时间达 1~3 年，据测算吨煤瓦斯抽采成本达 100~150 元。

3）抽采装备和抽采工程欠账多，抽、掘、采衔接仍不均衡

部分矿井采掘衔接部署不合理，“抽、掘、采”衔接紧张失调，尤其是煤价上涨时为多完成任务、多创造经济效益，片面追求产量和进度，在矿井生产布局上缺乏长远考虑，通过牺牲通风和抽采工程保采掘，抽采时间不能得到保证。有些煤矿由于开拓欠账业务原因，造成生产布局、生产系统不规范，瓦斯预抽时间不足，也影响后续利用。

4）煤矿瓦斯抽采观念转变仍需进一步深化

近年来煤矿瓦斯抽采工作取得很大进展，煤矿企业对瓦斯抽采观念正逐步转变，但仍需深化。多数煤炭企业进行抽采的主要目的还是以保障安全为主，适当考虑资源开发和环境保护；同时，抽采工作更多考虑近期安全，未从长期本质安全角度考虑；重抽采、轻利用的观念还比较普遍。

5）抽采利用关键技术、装备有待突破

煤矿区煤层气产业是一个技术密集型行业，科技创新涉及勘探、抽采、集输、利用等各个方面，加之我国煤层气地质条件复杂，抽采难度大，难以照搬国外技术和地面规模化开发模式，面临抽采量增长乏力、利用率徘徊不前的困局，存在碎软低渗煤层的煤层气开发难度大、地面工程成功率低、单井产气效果差等问题，如何通过技术装备创新挖掘煤层气(煤矿瓦斯)，开发利用潜力成为当务之急。煤层气赋存、运移和抽采的理论问题、煤与瓦斯突出机理仍未完全掌握；深部低透气性煤层瓦斯抽采关键技术、多次开采扰动及采动破碎带等特殊条件下地面井钻护井技术、碎软低渗煤层增量上产技术、提高井下抽采钻孔成孔率技术、瓦斯抽采增透技术、低浓度瓦斯发电、提纯等先进技术亟待突破与提升；煤层气专用钻机、瓦斯经济利用等关键装备亟须研制与升级。

4. 煤矿区煤层气气源不稳定、浓度波动大、利用率偏低，“以用促抽”推动力度有待加强

1）煤矿区煤层气浓度低，无法满足综合利用条件

在我国，约 80%的煤矿瓦斯采用卸压抽采和采空区抽采，甲烷浓度低于 30%的煤矿瓦斯抽采量占比 55%以上，低浓度瓦斯未得到有效利用是导致抽采瓦斯利用率低的主要原因之一；尤其是甲烷浓度低于 10%的煤矿瓦斯受技术、装备、经济性等因素制约不能有效利用；对低浓度瓦斯提纯技术、乏风利用技术、煤层气利用监控、计量和网络信息化技术等仍需要加大攻关力度并期望尽快取得突破。

2）抽采量与抽采浓度不稳定、波动大，不利于长期稳定利用

以煤矿瓦斯发电为例，瓦斯抽采浓度不稳定导致不能满足发电机组运行需要，有时候机组满负荷运行时瓦斯尚有富余，有时候开机率不足 40%；低浓度瓦斯发电机组设计利用瓦斯浓度为 8%，有时候抽采浓度降至 6%及以下，造成无法开机或勉强开机后低效率运行。

3）利用技术装备与国外存在一定差距

我国利用国产内燃机发电已取得成功，相对于国外设备来讲价格低，但也存在国内瓦斯发电设备相对故障率高、热能利用率低、大修期短等问题；进口机组存在配件、零(部)件供货周期长、控制软件保密、调试授权、出现故障需要外方人员处理、恢复时间较长等问题。

4）煤矿瓦斯利用工程初期投资大，经济效益差

如果单纯从经济效益方面考虑，基本处于亏损状态，目前抽采利用效果仍体现在安全效益、社会效益和环境效益，如果缺乏政府的大力支持，将严重削弱煤矿企业(特别是地方煤矿)煤矿瓦斯利用的积极性。此外，乏风利用项目亟待支持，由于经济高效的乏风氧化装置尚未成熟开发，乏风利用短期内暂无经济性，项目推进困难。

5）废弃矿井采空区抽采不稳定，瓦斯利用难度大

采空区瓦斯抽采利用存在主要问题：①原有煤矿原始资料不准确、井下积水情况不明、分布分散、抽采浓度变化大；②布井密度低于常规地面井，集输费用相对高；③抽出的瓦斯浓度不稳定，压缩液化需提浓处理，投资高；④地面抽采设备昂贵，投资风险较大。

1.3 开展项目研究的目的和意义

“十二五”期间，煤矿区煤层气产业化发展步伐加快，但是仍处于初级阶段。随着我国经济发展进入新常态，能源消费需求增长持续放缓，天然气价格低位运行，煤层气产业快速发展面临严峻挑战，亟待研究如何进一步提高煤矿区煤层气开发利用产业化规模、为实现“碳达峰、碳中和”目标做出应有的贡献。

随着认识不断深入和环境形势的加剧，煤矿区煤层气开发过程的能源消耗与利用实现的能源节约相比、开发投入的成本与利用实现的价值相比是否有正效益，什么条件下有正效益，如何提高煤矿区煤层气开发利用的综合效益问题，越来越受到关注，但认识上存在分歧，以下为制约煤矿区煤层气开发利用的产业化发展的主要方面。

(1) 煤矿区煤层气开发过程的能源消耗与利用实现的能源节约相比、开发投入的成本与利用实现的价值相比是否有正效益，什么条件下有正效益。

(2) 如何提高煤矿区煤层气开发利用的综合效益，促使处于起步阶段的中国煤矿区煤层气产业走上商业化道路。

(3) 各地区的经济发展水平和市场承受力的不同，各自应选择发展哪些技术？如何在不同地区、不同时间段合理规划和布局各种技术。

(4) 通过何种工程项目来推动煤层气产业的发展。

(5) 针对碳达峰目标，如何科学制定分阶段的煤矿区煤层气开发和利用规模目标。

(6) 国家出台哪些政策激励企业投身煤层气产业，如何把政策制定建立在与环境和经济研究结合的基础上。

（7）发展煤矿区煤层气产业，对提高中国能效和环境水平的贡献量有多大？能否满足日益严格的环境要求并实现环境与经济协调发展等。

为此，国家科技重大专项“大型油气田及煤层气开发”将“煤矿区煤层气开发利用全生命周期综合评价及发展战略”列为研究课题，期望通过课题的专项研究，从宏观上指导中国煤矿区煤层气开发利用发展方向。通过搭建煤层气开发利用全生命周期能效、环境测试方法和平台，开展煤层气开发利用全生命周期能效、环境监测；构建全产业综合评价方法，开发评价模型和评价软件系统，对不同技术的技术经济环境效益比选；科学预测中长期发展潜力并提出面向 2035 年的煤矿区煤层气开发和利用技术路线图，最后从技术和政策层面提出煤矿区煤层气产业化发展建议，推动煤层气产业持续、健康、快速发展，为构建低碳清洁、安全高效的现代能源体系做出重要贡献。

第 2 章

煤矿区煤层气开发利用全生命周期能效环境测试

本章重点阐述煤层气开发利用全生命周期能效环境测试平台建设方案，通过测试平台的建设，为煤层气开发利用工程能效环境监测提供硬件支持；针对煤层气开发利用工艺流程特点，提出系统监测和模块监测布点方案、监测频次、监测种类等；依托测试平台和监测方法，开展晋城矿区、两淮矿区等典型示范矿区煤矿区煤层气开发利用工程监测与评估，为煤矿区煤层气开发利用全生命周期综合评价奠定数据基础。

2.1 煤矿区煤层气开发利用全生命周期测试平台建设

2.1.1 测试平台目标和功能

1. 测试平台目标

建设以能源环境监测和实验分析为主体、以物质流和能量流模拟和优化为辅助、以综合评价为目的的煤层气开发利用全生命周期能效环境测试平台，实现不同地质条件的煤层气开发、不同浓度的煤层气集输、不同利用途径的煤层气利用工程在统一平台下的能效、环境测试和评价，形成客观、科学、系统的评价结果。

2. 测试平台功能

1）开发利用工程能源环境同步监测和样品分析

测试平台形成煤层气开发利用主要工程的系统框架以及系统监测点、模块监测点布点和监测方案，配置能源、环境监测设备；针对不能直接获取数据的样品，测试平台配置煤层气、尾气、水等分析和化验设备，既可进行开发利用工程监测样品的实验分析，也可进行煤层气开发利用全生命周期整套系统的同步监测。

2）开发利用工程物质流和能量流模拟

测试平台形成煤层气开发利用主要工程的物质流和能量流计算机模拟模型，按整体同步的要求，修正监测数据，形成煤层气开发利用全生命周期整体同步数据，作为开发利用工程评价的基础。形成煤层气地面开发、井下抽采、集输、煤层气发电、煤层气浓缩工程系统模拟。

3）开发利用工程能源环境评价

形成以煤层气开发利用全生命周期系统能量输入输出和环境测试结果为数据采集来源，以能效、环境、经济为主要指标的综合评价模型，可量化给出开发利用工程的综合评价结果。

2.1.2 测试平台功能设计

1. 同步监测和样品分析

1）同步监测

配置能对开发利用工程物质流和环境值进行同时监测的整体监测装备，主要分系统监测和模块监测两部分。系统监测主要是开发利用工程外围监测，包括能源、物质的流入监测及产品、废气的流出监测。模块监测是煤层气开发利用工程内部监测，包括能量流监测、物质流监测。主要监测内容和配置见表 2-1。

表 2-1 煤矿区煤层气开发利用监测内容

监测种类	监测内容	仪器配置
煤层气	系统出入口、模块进出口煤层气的流量、组分、压力、温度	气体流量计、气相色谱仪、压力计、测温仪
电能	系统出入口、模块进出口电能的流量、稳定性	三相电子式电能表、电能质量分析仪、功能因数表
油耗	系统出入口、模块进出口柴油的用量、热值	高精度燃油热值检测仪
水	系统出入口、模块进出口水的用量	超声波流量计
热量	热量流动的大小、温度	多点式热流仪
废气	废气排放口排放的废气的组分、温度	烟气分析仪、粉尘仪、温湿度测定仪
废液	排放口排放的废液的温度、浓度	红外线测温仪、水浴恒温振荡器、往复式恒温水浴摇床
噪声	系统边界、模块边界噪声分贝	噪声仪
其他	距离、直径、汞含量等	定位仪、卡尺、测汞仪等

2）样品分析

监测样品分析，主要包括煤层气分析、废气分析、废液分析等。初期仅配置废液分析装置、测汞装置，预留后期配置空间。

2. 物质流和能量流模拟

构建煤层气开发利用工程物质流和能量流计算机模拟模型，量化开发利用工程的物质和能量流向、流速、稳定性，通过模拟修正监测数据，得到能效环境评价的同步成套数据。例如：

1）煤层气发电系统模拟模型

利用 Aspen plus 等流程模拟软件，构建煤层气发电系统各子单元——煤层气输送单元、内燃机发电单元、余热锅炉单元、蒸汽轮机发电单元模块的模型，根据工程监测数据对系统进行集成，模拟物质和能量流向、流速和稳定性，修正监测结果，形成系统同步数据。

2）煤层气浓缩系统模拟模型

利用 Aspen plus 等流程模拟软件，构建煤层气浓缩系统各子单元——煤层气除氧单元、净化干燥单元、变压吸附单元、制 CNG（或 LNG）单元模块的模型，根据工程监测数据对系统进行集成，模拟物质和能量流向、流速和稳定性，修正监测结果，形成系统同步数据。

3. 能效环境评价

构建以煤层气开发利用工程物质流和能量流模拟模型为数据采集来源的技术-能效-环境综合评价模型，主要包括数据采集、指标计算、指标评价等。

2.2 煤矿区煤层气开发利用工程能效、环境监测方法

2.2.1 监测布点方案

系统监测主要是开发利用工程外围监测，包括能源、物质的流入监测以及产品、废气的流出监测。针对煤矿区煤层气开发利用工程，在系统能量输入口选择3~5个监测点，在系统能量输出口选择5~8个监测点。

模块监测是开发利用工程内部监测，包括能量流监测与物质流监测。

2.2.2 监测种类

监测包括煤层气的温度、压力、流量、浓度、电能、水耗、废气、废液、噪声等。

2.2.3 监测频次

对有明显生产周期、污染物排放稳定的建设项目，污染物的采样和测试频次一般为2~3个周期，每个周期3~5次。生产周期在8h以内，至少1~2h采一次样；生产周期>8h时，至少每2~4h采一次样。连续稳态排放的点位，监测频次以4次/日，连续监测3天为宜。对非稳定排放的点位，加大频次。

2.3 典型示范矿区煤层气开发利用工程监测与评估

2.3.1 晋城矿区煤层气开发利用工程

2.3.1.1 项目概况

1. 晋城矿区煤层气开发利用概况

晋城矿区属于国家规划的晋东大型煤炭基地，位于沁水煤田南段，属典型的单斜构造。晋城矿区主要煤层对甲烷具有很强的吸附能力；煤层气含量高，一般在10~30m^3/t，最高可达40m^3/t。经过近30年的连续开发，晋城矿区已突破了无烟煤矿区地面开发煤层气的“禁区”，率先在国内取得了规模性开发利用煤层气的成功，使得沁水盆地南部地区成为我国煤层气地面开发的主产区，晋城矿区成为我国采煤采气一体化的示范矿区。经过“十一五”至“十三五”国家科技重大专项的支持，形成了晋城矿区三区联动井上下立体抽采、采煤、采气一体化开发模式，开发了适应沁南地区的以清水钻井、活性水压裂、定压排采为核心的地面开发系列技术及以煤矿井下顺煤层千米定向长钻孔抽采为核心的区域递进抽采技术体系，并首创了地面压裂—井下定向水平长钻孔抽采井上下联合抽采煤层气工艺技术，突破了煤矿采动区煤层气地面抽采技术，优化了碎软低渗煤层顺煤层钻孔抽采工

艺技术，在晋城寺河等矿区基本实现了煤层气与煤炭协调开发。

山西晋城无烟煤矿业集团有限公司(简称“晋煤集团”)拥有70个矿井，其中高瓦斯矿井14个，突出矿井5个。2003年，晋煤集团组建了蓝焰煤层气公司，创造了拥有自主知识产权且适合于不同地质条件下的地面抽采成套技术，建成了国内最大的煤层气地面抽采井网，形成了“采煤采气一体化”和三级瓦斯治理新模式。晋煤集团地面日抽采煤层气(煤矿瓦斯)达400余万 m^3，并具备了年采15亿 m^3的能力。与此同时，晋煤集团在寺河、成庄等高瓦斯矿井建设了井下瓦斯永久抽采系统，引进千米钻机进行瓦斯抽采，建设了长达45.2km、年输送能力10亿 m^3的输气管道，日设计加工能力100万 m^3煤层气压缩站，日液化能力90万 m^3的煤层气液化厂和总装机容量18.9万kW的瓦斯发电厂，组建了负责煤层气(煤矿瓦斯)输送、销售和利用的专业化子公司，煤层气(煤矿瓦斯)日利用量近300万 m^3，利用率近80%。目前，煤层气(煤矿瓦斯)已广泛应用于民用燃气和采暖、汽车燃料、工业燃料、发电等领域，取得了良好的安全效益、环境效益、经济效益和社会效益。

2. 工艺流程

晋煤集团煤层气开发利用工程包括钻井工程、供电建设、集输系统建设、集输及气质处理和煤层气利用阶段。煤层气钻井工程一般分为钻前准备、钻进、完井、取心、固井、测井等步骤，地面煤层气开发一般工艺流程如图2-1所示。

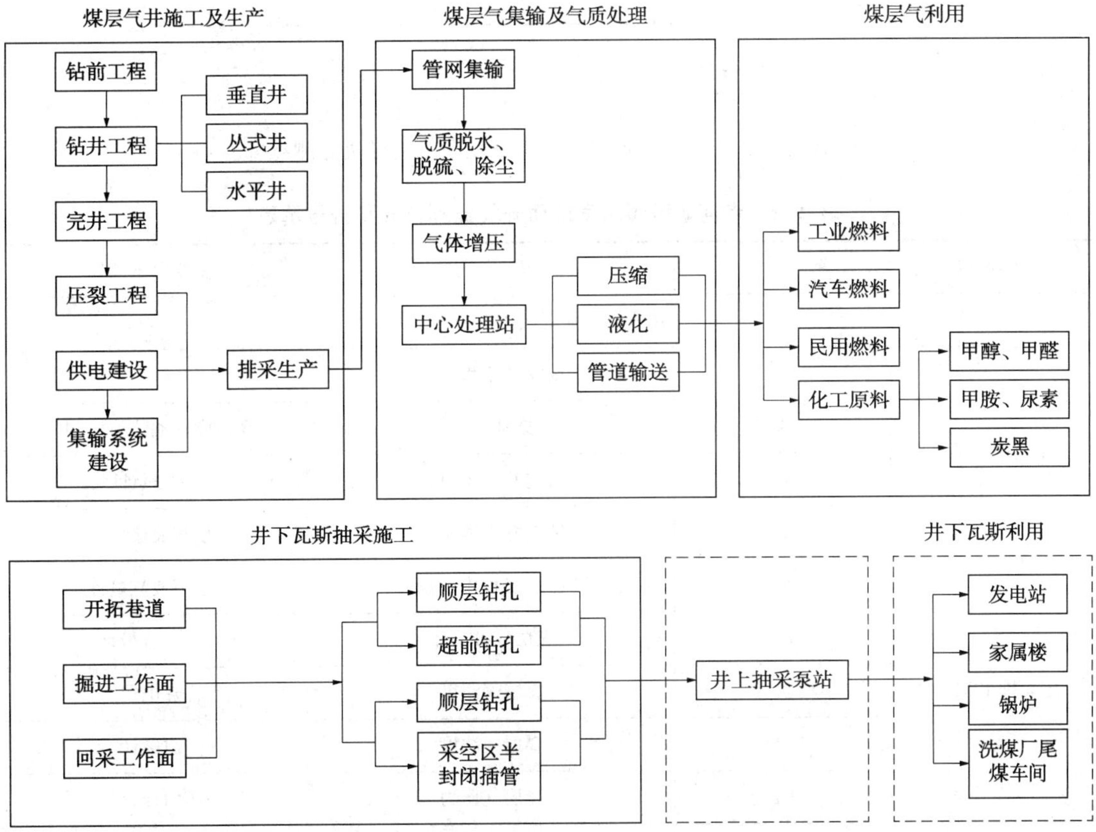

图2-1 晋煤集团煤层气开发利用全生命周期示意图

2.3.1.2 监测方案

1. 晋城寺河矿区地面煤层气开发项目

围绕监测需求，主要监测晋城区块寺河矿区内地面煤层气开发项目的耗油量、耗气量、耗电量、耗水量等能耗参数，煤层气(煤矿瓦斯)抽采量、浓度等产量参数，废气排放量、噪声等环境参数。晋城寺河矿区地面煤层气开发项目边界及监测点部署如图2-2所示，监测仪器和符号示意见表2-2。

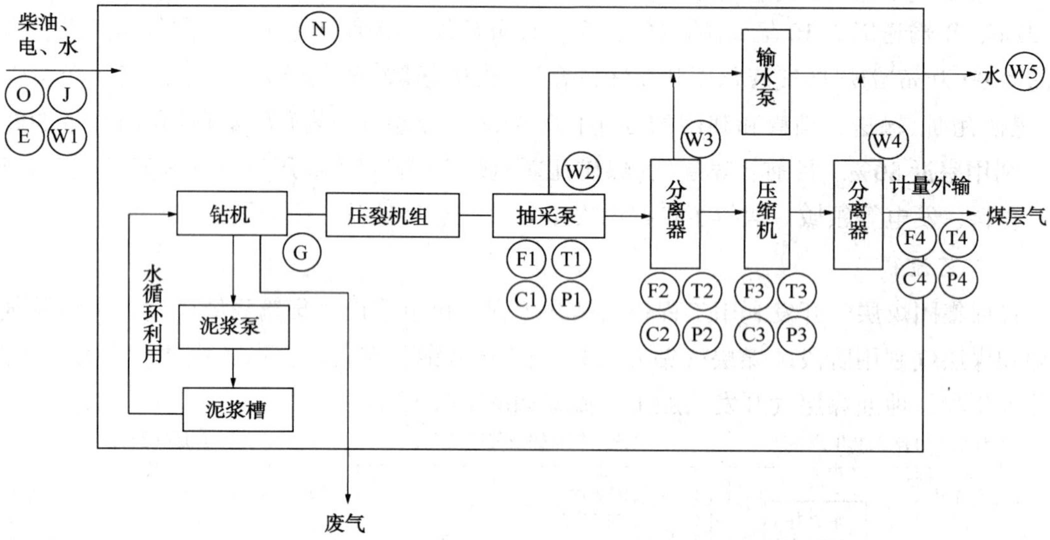

图2-2 寺河矿区煤层气地面开发项目边界及监测点

表2-2 寺河矿区煤层气地面开发监测仪器和符号示意

监测位置	符　号	描　述	主要监测仪器
用来计算能耗类别的指标			
钻完井工程	O	钻完井工程油耗	
	J	柴油热值	高精度燃油热值检测仪
	E	钻完井工程电耗	电量计
	W1	钻完井工程水耗	超声波流量计
压裂排采工程	W2	压裂工程排水量	超声波流量计
	F1	煤层气抽采量	气体流量计
	T1	煤层气温度	热电偶
	C1	煤层气浓度	浓度计
	P1	煤层气压力	压力传感器

续表

监测位置	符　　号	描　　述	主要监测仪器
用来计算能耗类别的指标			
煤层气集输工程	F2	一次分离后煤层气产量	气体流量计
	T2	一次分离后煤层气温度	热电偶
	C2	一次分离后煤层气浓度	浓度计
	P2	一次分离后煤层气压力	压力传感器
	W3	一次分离产水量	超声波流量计
	F3	一次增压后煤层气产量	气体流量计
	T3	一次增压后煤层气温度	热电偶
	C3	一次增压后煤层气浓度	浓度计
	P3	一次增压后煤层气压力	压力传感器
	F4	二次分离后煤层气产量	气体流量计
	T4	二次分离后煤层气温度	热电偶
	C4	二次分离后煤层气浓度	浓度计
	P4	二次分离后煤层气压力	压力传感器
	W4	二次分离产水量	超声波流量计
用来计算环境类别的指标			
钻完井工程	G	钻井设备废气排放	烟气分析仪
排采集输工程	W5	排采集输工程废水排放	超声波流量计

2. 晋城寺河发电项目

围绕监测需求，主要监测晋城寺河发电项目的耗气量、耗电量、耗水量等能耗参数，发电量、热供应量等产品产量参数，废气排放量、噪声等环境参数。晋城寺河发电项目监测点部署如图 2-3 所示，监测仪器和符号示意见表 2-3。

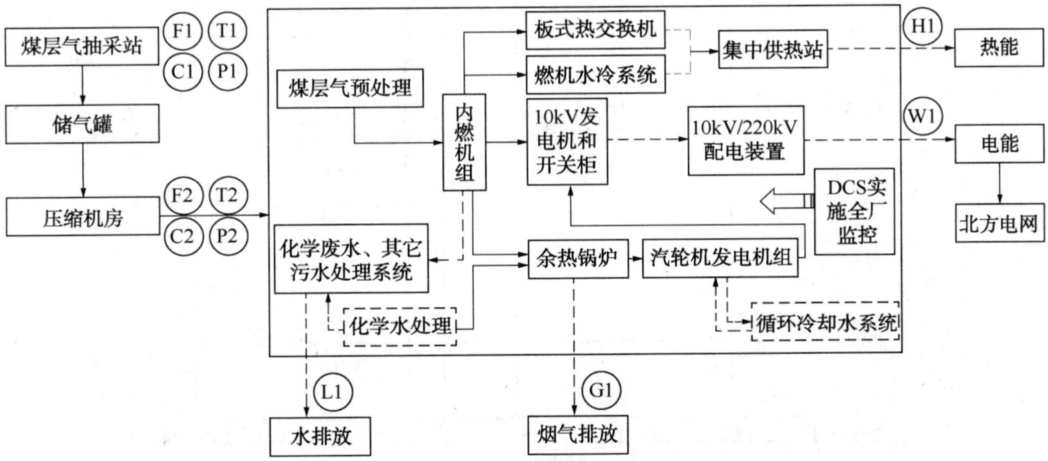

图 2-3　晋城寺河煤层气发电项目监测点

表 2-3　晋城寺河煤层气发电项目监测仪器和符号示意

监测位置	符　　号	描　　述	主要监测仪器
用来计算能耗类别的指标			
煤层气抽采站	F1	抽采煤层气流量	气体流量计
	C1	抽采煤层气浓度	浓度计
	T1	抽采煤层气温度	热电偶
	P1	抽采煤层气压力	压力传感器
发电厂压缩机房	F2	进入发电厂的气体流量	气体流量计
	C2	进入发电厂的气体浓度	浓度计
	T2	进入发电厂的气体温度	热电偶
	P2	进入发电厂的气体压力	压力传感器
发电厂中央控制区	W1	煤层气上网发电量	电量计
	H1	煤层气供热量	热流仪
用来计算环境类别的指标			
发电厂中央控制区	L1	废水排放	超声波流量计
	G1	废气排放	烟气分析仪

2.3.1.3　监测数据

1. 晋城寺河矿区地面煤层气开发项目

1）产气量监测与评估

项目监测了寺河矿区内 2011ZX-CC-05 号垂直井在 2018 年 1 月 1 日至 2018 年 11 月 20 日共 324 天的产气量和产水量情况，以及 2013ZX-SH-UM15V 号 U 形井在 2016 年 11 月 1 日至 2018 年 10 月 31 日共 730 天的产气量和产水量情况，具体如图 2-4 和图 2-5 所示。

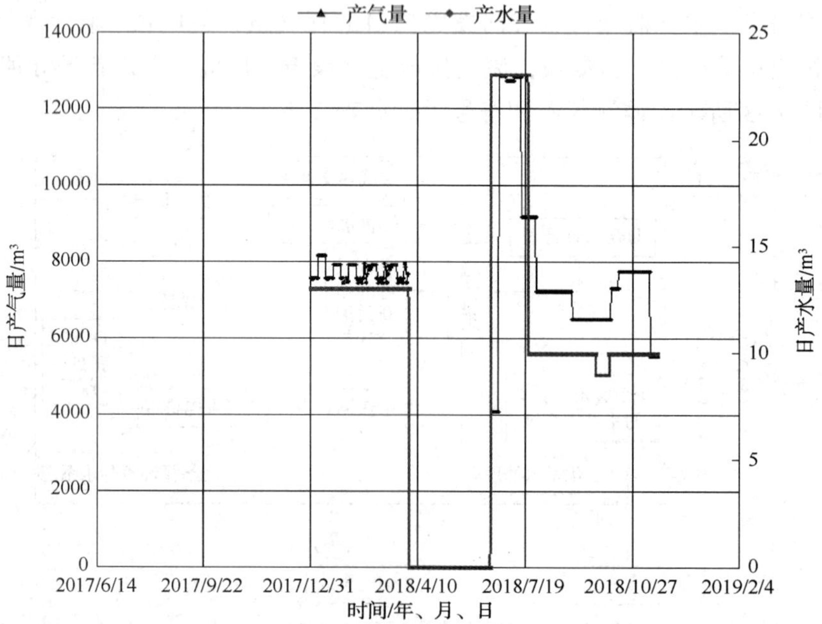

图 2-4　垂直井 2011ZX-CC-05 产气产水量情况

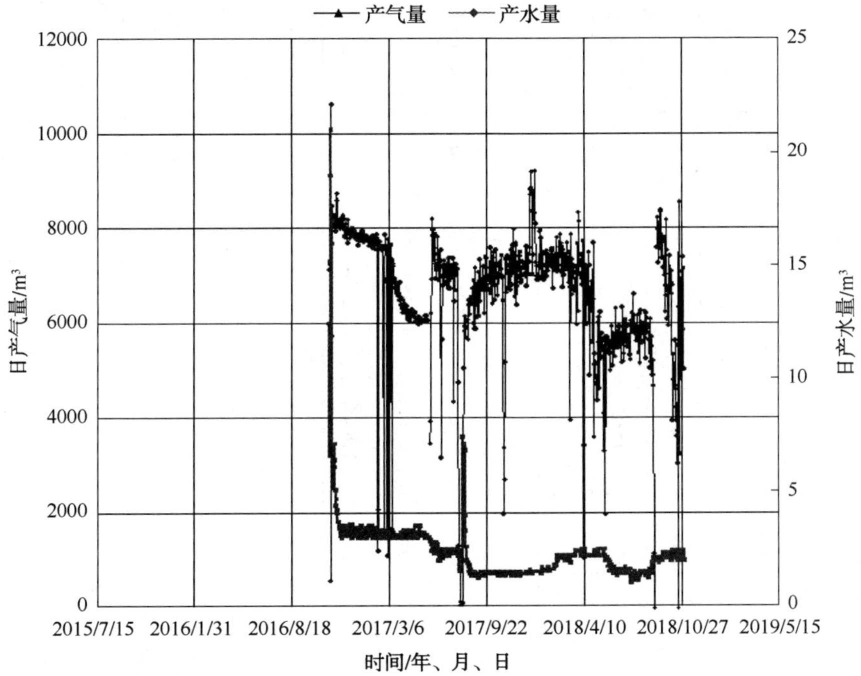

图 2-5 U 形井 2013ZX-SH-UM15V 的产气产水量情况

可以看出，井号为 2011ZX-CC-05 的垂直井产气量、产水量都较为稳定，日产气量为 6000～8000m^3，因井下影响停运一段时间，重新运行后日产气量在 12000m^3左右，日产水量为 10～15m^3，为间歇出水，该垂直井产气量和产水量与其他地区垂直井相比都比较高。U 形井产气量和产水量浮动较大，遇到故障停机检修次数较多，导致检修当天产气量减少，日产水量为 1～4m^3，频率由 12Hz 调整为 15Hz 时，日产水量为 6～8m^3，产气量下降明显，一段时间后恢复。

2）能耗监测与评估

寺河矿区煤层气开发能源消耗包括柴油和电力。柴油主要用于钻井柴油机及施工车辆，泥浆泵、压裂泵、排采泵用电来自工业电网。主要耗能设备及能源消耗情况见表 2-4。

3）废气监测与评估

在施工期正常情况下，废气主要产自钻井柴油动力机组，属于连续排放源。根据实地监测，燃烧 1t 柴油(含硫量约为 0.2%)，排放烟气量约为 1.2 万 m^3，SO_2约为 4kg，NO_x约为 2.83kg，烟尘为 11kg，不同井型单井柴油机排放废气情况见表 2-5。

4）废水监测与评估

钻井废水由机械废水(冷却水等)和冲洗废水(冲洗钻具、钻台)构成，钻井废水产生量随钻井周期、钻井深度和难度而异。施工期单井水平衡情况如图 2-6 所示。根据对钻井废水进行监测，可知钻井废水中含有高倍稀释的钻井液和油类污染物，具体污染物含量见表 2-6。

表 2-4　不同井型单井能耗情况监测表

井型	主要耗能设备名称		型号	总设备数量/台	耗能类型	单井耗油量/t	总耗油量/t	单机功率/kW	总工作时长/h	总耗电量/(kW·h)	总能源消耗量/t	单位能耗/(kg/m³)
垂直井	钻井	水源钻机	TSJ2600	1							259.57	0.0262
		柴油机	6135ZN	3	柴油	60	60					
		泥浆泵	F-500	3	电力			379	176	200112		
	压裂	压裂车	2500 型	3	电力			2089	2	12534		
	排采	抽油机	CYJ-5-2.1-9HY	1	电力			10	118800	1188000		
U 形井	钻井	车载雪姆钻机	T200XD	1							673.30	0.0136
		柴油机		3	柴油	220	220					
		泥浆泵		3	电力			1176	280	987840		
	压裂	压裂车	2500-140 型	6	电力			2089	8	100272		
	排采	电潜螺杆泵	φ70	1	电力			15	118800	1782000		

表 2-5 不同井型单井柴油机排放废气参数

	单 位	垂直井	U 形井
耗油量	t	60	220
烟气	万 m^3	72	264
二氧化硫	kg	240	880
氮氧化物	kg	169.8	622.6
烟尘	kg	660	2420

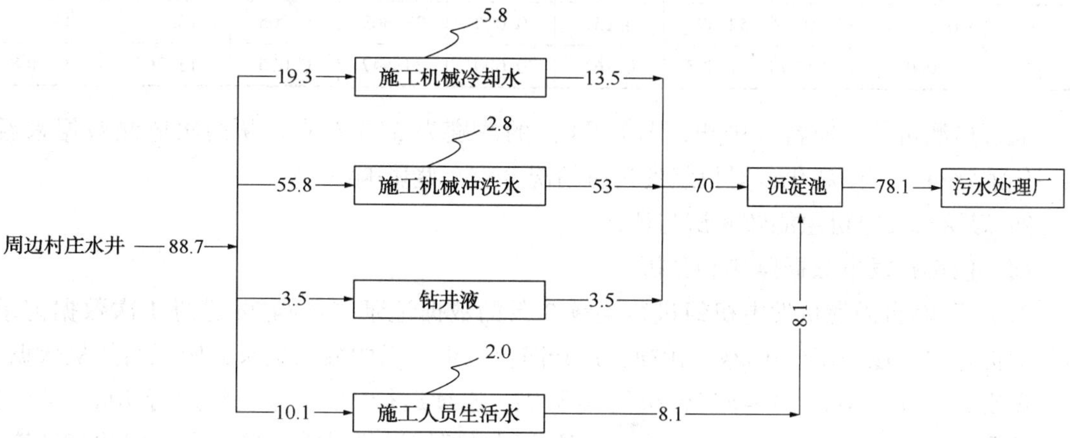

图 2-6 施工期单井水平衡图

表 2-6 钻井废水中杂质含量表

废水杂质	COD	石 油	悬 浮 物	全 盐 量
含量/(mg/L)	100~500	50~400	170~850	50000

经检测，钻井废水偏碱性，pH 值为 8~9；废水中悬浮物含量高，含有大量的黏土和钻井液加重剂，同时钻井液在循环中还携带了一些钻井岩屑；有机、无机污染物含量高，源于钻井液中各种有机、无机钻井液添加剂，如 CMC、PAM、SMC、磺化酚醛树脂以及降失水剂等。

5）地表生态破坏面积

煤层气开发地面井场钻井施工场地为临时占地，施工结束后场地复垦率和场地覆土绿化率约为 90%，排采井场为永久占地，形状大多以正方形和矩形为主，不同井型单井煤层气开采地表生态破坏情况见表 2-7。

表 2-7 不同井型单井煤层气开采地表生态破坏情况表

	单 位	垂直井	U 形井
单位井场平台占用面积(永久占地)	m^2	20×10	20×10
单位井场施工占地面积(临时占地)	m^2	50×35	90×90
地表破坏总面积	m^2	375	1010

2. 晋城寺河发电项目

1）煤层气发电机组原料气成分检测

测试期间，对煤层气发电机组的原料气成分进行了检测分析。主要检测结果见表2-8。

表2-8　煤层气发电机组原料气成分

样品编号	原料气成分/%							高位热值/（MJ/Nm³）	低位热值/（MJ/Nm³）
	H_2	O_2	N_2	CO_2	CO	CH_4	C_2H_6		
S1	0.000	13.902	52.572	0.157	0.000	33.363	0.005	13.296	11.983
S2	0.000	13.712	51.575	0.161	0.000	34.547	0.005	13.768	12.408

通过检测可知，原料气中煤层气（甲烷）的浓度为34%左右。从两次监测数据来看，煤层气浓度有一定的变化，对机组的运行情况会有一些影响。

2）煤层气发电机组能效测试与评估

（1）内燃机发电数据监测和分析。

对全厂60台内燃机发电机组进行连续3天的数据记录，每隔2h进行1次数据记录。由于数据量多，以101#、102#、103#、104#四台机组一天的数据记录为例说明。从数据中可以看出，101#、102#、104#三台机组实现72h连续运行，103号机组运行70h。可以根据有功累积量和运行时间计算机组的发电量，同时根据煤层气输入量和煤层气浓度计算发电效率。

通过对60台机组运行数据监测结果进行统计分析，这60台机组中，一共有14台机组实现72h满负荷运行，5台机组处于停机状态。4个单元中，1#单元机组平均运行时间最长，4#单元平均运行时间最短，具体数据见表2-9。

表2-9　各单元内燃机发电量

	1#单元	2#单元	3#单元	4#单元	合计
发电量/kW·h	1516981	1316282	1241532	888308	4963103
累积工作时间/h	889	774	719	514	2896
平均功率/kW	1706	1701	1727	1728	1714
煤层气用量/万 m³（纯量）	42.26	36.75	34.64	24.65	138.30

（2）蒸汽轮机监测和分析。

寺河煤层气电站采用内燃机-蒸汽轮机联合循环发电。内燃机的烟气通过与余热锅炉中水汽换热成蒸汽，再推动蒸汽轮机发电。

监测结果显示，1#单元蒸汽轮机处于停机状态，2#单元、3#单元和4#单元机组处于运行状态，但整体负荷不高，负荷率分别为81.9%、48.03%、48.9%。由于处于供暖季，1#单元烟气余热主要用于供热，1#单元、3#单元、4#单元内燃机产生的烟气余热量不能满足蒸汽轮机满负荷运行的要求。蒸汽轮机运行情况见表2-10。

表 2-10　蒸汽轮机发电量

	1#单元	2#单元	3#单元	4#单元	合计
发电量/kW·h	0	176874	103752	105600	386226
累积工作时间/h	0	72	72	72	216
平均功率/kW	/	2457	1441	1467	1778
负荷率/%	/	81.9	48.03	48.90	59.60

（3）供热量监测和分析。

1#单元产生的余热主要用于周边煤矿和居民使用，通过监测数据分析，供热量较为稳定，见表 2-11。

表 2-11　供热量统计

时间	供热量/MJ		
	3 月 7 日	3 月 8 日	3 月 9 日
1：00	762055	763862	765793
3：00	762212	764036	765947
5：00	762364	764192	766085
7：00	762540	764361	766227
9：00	762682	764521	766391
11：00	762840	764673	766536
13：00	762996	764819	766702
15：00	763135	764979	766859
17：00	763295	765145	767036
19：00	763443	765322	767199
21：00	763615	765503	767376
23：00	763748	765646	767539
日总量/GJ	1832	1898	1893

（4）综合分析。

根据以上监测结果和分析，测试期间 1#单元余热主要用来供热，2#单元、3#单元、4#单元余热用于发电。对各单元、全厂发电和供热情况进行了分析，见表 2-12。结果显示，4 个单元内燃机发电效率为 35.94%~36.16%；1#单元热电联产效率为 73.10%，2#单元、3#单元、4#单元联合循环发电效率为 38.96%~40.77%，全厂发电效率为 38.81%，单位煤层气发电量为 3.88~4.06kW·h/m^3，综合热效率为 48.66%，厂用电率 3.82%。由于冬季供暖的原因，煤层气电站面临季节性气源不足的问题，导致机组运行时间难以保证，内燃机机组时开时停，蒸汽轮机长期低负荷运行，影响项目总体效率，电厂内燃机发电效率和综合发电效率均低于电站设计值。

提高电站效率应考虑提高运行负荷率和蒸汽利用效率。进一步增强煤层气供应的保障，能够有效提高发电机组的运行效率，应同时将四个单元余热产生的蒸汽汇集，减少蒸汽轮机开机数量，可以提高单机运行效率。通过以上措施，可以将电站综合发电效率从现在的 38.81%提高到 42%，按照年利用纯量煤层气 2 亿 m^3 计算，每年可以多发电 6000 万 kW·h，按照 0.56 元/kW·h 电价计算，可以增加收入 3360 万元(含补贴)。

表 2-12　3 月 7~9 日煤层气发电能效分析

	1#单元	2#单元	3#单元	4#单元	合计
内燃机发电量/kW·h	1516981	1316282	1241532	888308	4963103
总发电量/kW·h	1516981	1493156	1345284	993908	5349329
供热量/GJ	5623	0	0	0	5623
输出能量/GJ	11084.13	5375.36	4843.02	3578.07	24881
煤层气用量/万 m^3(纯量)	42.26	36.75	34.64	24.65	138.3
内燃机发电效率/%	36.02	35.94	35.96	36.16	36.01
发电效率/%	36.02	40.77	38.96	40.45	38.81
综合效率/%	73.10	40.77	38.96	40.45	48.66
单位煤层气发电量/(kW·h/m^3)	3.59	4.06	3.88	4.03	3.87
厂用电率/%	3.82				

3）煤层气发电机组噪声测试与评估

测试时间为 2014 年 3 月 15 日 15：00—15：45，4#单元 60 台发电机组在运行。

(1) 厂界噪声。厂界噪声的测试结果见表 2-13。

表 2-13　厂界噪声的测试结果

序　　号	厂界噪声/dB(A)	达标情况	备　　注
1	55.1	达标	西厂界
2	56.3	达标	北厂界
3	62.5	达标	机房外墙 1m
4	60.3	达标	南厂界

通过测试可知，机组运行时，厂界噪声均没有超出《工业企业厂界环境噪声排放标准》(GB 12348—2008)中规定的 65dB(A)的限值，满足所在区域环境噪声的要求。

(2) 内部工作区域噪声。对 2#单元厂房内部工作区域的噪声进行了测试，测试结果见表 2-14。

表 2-14　内部工作区域噪声的测试结果

序号	机组运行状态	内部工作区域噪声/dB(A)	达标情况	备注
1	15 台运行	108.6	机组达标，工作区不达标	1#机组
2	15 台运行	110.0	机组达标，工作区不达标	2#机组
3	15 台运行	106.5	机组达标，工作区不达标	3#机组

通过测试可知，机组运行时噪声满足《中小功率柴油机噪声限值》(GB 14097—1999)规定的124dB(A)的限值。但是，厂房内部工作区域的噪声值超过了《工业企业设计卫生标准》(GBZ 1—2010)中规定的85dB(A)的限值，需要采取有效措施进行治理。可安装全封闭式的机组隔声装置来大幅度降低机组噪声对内部工作区域的影响，以达到国家标准的要求。

应合理设计现场工作人员的劳动作息时间，并采取适宜有效的个人防护措施。

4) 循环水泵等辅助设备测试与评估

测试期间，对循环水泵、热网循环泵、冷却水泵、给水泵、冷却风机进行了电动机运行参数的测试。

(1) 汽机锅炉3#循环水泵型号为350S-44A，配套电动机型号为Y2-315L1-4，测试结果见表2-15。

表2-15 3#循环水泵电动机测试

序号	主要参数	单位	参数值	备注
1	额定功率	kW	160	
2	额定电流	A	289	
3	输入功率	kW	138	
4	输出功率	kW	127.9	
5	功率因数		0.87	
6	综合效率	%	92.56	
7	负载率	%	79.98	

(2) 汽机锅炉4#循环水泵型号为350S-44A，配套电动机型号为Y2-315L1-4，测试结果见表2-16。

表2-16 4#循环水泵电动机测试

序号	主要参数	单位	参数值	备注
1	额定功率	kW	160	
2	额定电流	A	289	
3	输入功率	kW	137.1	
4	输出功率	kW	126.9	
5	功率因数		0.87	
6	综合效率	%	92.54	
7	负载率	%	79.32	

(3) 2#热网循环泵型号为KQW350-400-200/4(Z)，配套电动机型号为Y2-315L2-4，测试结果见表2-17。

表 2-17　2#热网循环泵电动机测试

序　　号	主要参数	单　　位	参 数 值	备　　注
1	额定功率	kW	200	
2	额定电流	A	365	
3	输入功率	kW	47.66	
4	输出功率	kW	41.16	
5	功率因数		0.38	
6	综合效率	%	78.67	
7	负载率	%	20.58	

（4）4#热网循环泵型号为 KQW350-400-200/4(Z)，配套电动机型号为 Y2-315L2-4，测试结果见表 2-18。

表 2-18　4#热网循环泵电动机测试

序　　号	主要参数	单　　位	参 数 值	备　　注
1	额定功率	kW	200	
2	额定电流	A	365	
3	输入功率	kW	48.24	
4	输出功率	kW	41.74	
5	功率因数		0.77	
6	综合效率	%	83.73	
7	负载率	%	20.87	

（5）加压站 1#冷却水泵配套电动机型号为 YB2-225M-4，测试结果见表 2-19。

表 2-19　加压站 1#冷却水泵测试

序　　号	主要参数	单　　位	参 数 值	备　　注
1	额定功率	kW	45	
2	额定电流	A	84.2	
3	输入功率	kW	32.34	
4	输出功率	kW	29.97	
5	功率因数		0.78	
6	综合效率	%	92.67	
7	负载率	%	66.60	

（6）加压站 2#冷却水泵配套电动机型号为 YB2-225M-4，测试结果见表 2-20。

表 2-20　加压站 2#冷却水泵测试

序　号	主要参数	单　位	参数值	备　注
1	额定功率	kW	17	
2	额定电流	A	35	
3	输入功率	kW	16.23	
4	输出功率	kW	14.60	
5	功率因数		0.29	
6	综合效率	%	89.96	
7	负载率	%	85.88	

（7）冷却塔 3#风机型号为 LF60B，配套电动机型号为 Y225-4，测试结果见表 2-21。

表 2-21　冷却塔 3#风机测试

序　号	主要参数	单　位	参数值	备　注
1	额定功率	kW	45	
2	额定电流	A	84.2	
3	输入功率	kW	27.02	
4	输出功率	kW	25.00	
5	功率因数		0.78	
6	综合效率	%	92.51	
7	负载率	%	55.56	

（8）冷却塔 4#风机型号为 LF60B，配套电动机型号为 Y225-4，测试结果见表 2-22。

表 2-22　冷却塔 4#风机测试

序　号	主要参数	单　位	参数值	备　注
1	额定功率	kW	45	
2	额定电流	A	84.2	
3	输入功率	kW	27.44	
4	输出功率	kW	25.38	
5	功率因数		0.78	
6	综合效率	%	92.52	
7	负载率	%	56.42	

（9）1#汽机间给水泵型号为21/2GC-3.5×9，配套电动机型号为Y250m-2，测试结果见表2-23。

表2-23 1#汽机间给水泵电动机测试

序号	主要参数	单位	参数值	备注
1	额定功率	kW	55	
2	额定电流	A	103	
3	输入功率	kW	14.74	
4	输出功率	kW	12.07	
5	功率因数		0.38	
6	综合效率	%	81.89	
7	负载率	%	21.94	

（10）2#汽机间给水泵型号为21/2GC-3.5×9，配套电动机型号为Y250m-2，测试结果见表2-24。

表2-24 2#汽机间给水泵电动机测试

序号	主要参数	单位	参数值	备注
1	额定功率	kW	55	
2	额定电流	A	103	
3	输入功率	kW	21.80	
4	输出功率	kW	18.96	
5	功率因数		0.48	
6	综合效率	%	86.94	
7	负载率	%	34.47	

通过对循环水泵等辅助设备电动机运行参数分析可以看出，汽机锅炉2台循环水泵（3#、4#）电动机的效率较高，达到92.5%以上；电动机的负载率较高，达到79%以上，电动机和水泵运行正常。热网循环泵（2#、4#）电动机的效率较高，达到78.67%~83.73%；电动机的负载率偏低，仅有20%左右。加压站冷却水泵（1#、4#）电动机的效率较高，达到89.96%~92.67%；电动机的负载率为66.6%~85.88%。冷却塔风机（3#、4#）电动机的效率较高，达到92.5%左右；电动机的负载率为56%左右。汽机间给水泵（1#、2#）电动机的效率较高，达到81.89%~86.94%左右；电动机的负载率偏低，为21.94%~34.47%。

热网循环泵（2#、4#）电动机和汽机间给水泵（1#、2#）电动机的负载率偏低，不仅使运行不经济，造成“大马拉小车”现象，还会导致功率因数低，对电网运行很不利。应当根据工艺要求，调整所用电动机的运行参数，保证在合理负荷区间运行。

5）寺河煤层气发电机组排烟参数测试与分析

对寺河煤层气电站四单元机组的排烟温度及污染物成分进行了监测，测试结果见表2-25。

表 2-25 寺河煤层气电站四单元机组排烟参数

序号	主要参数	单位	参数值	备注
1	H_2S	ppm *	35.7	
2	CO	ppm	488	
3	NO	ppm	62	
4	NO_2	ppm	96.7	
5	NO_x	ppm	158.7	
6	烟温	℃	126.7	

注：* 1ppm = 10^{-6}。

通过数据核算，四单元机组排烟中一氧化碳(CO)的排放量为2.75g/kW·h，满足《重型车用汽油发动机与汽车排气污染物排放限值及测量方法(中国Ⅲ、Ⅳ阶段)》(GB 14762—2008)中CO排放限值(9.7g/kW·h)的规定；氮氧化物(NO_x)的排放量为1.27g/kW·h，超出了《重型车用汽油发动机与汽车排气污染物排放限值及测量方法(中国Ⅲ、Ⅳ阶段)》(GB 14762—2008)中NO_x排放限值(0.70g/kW·h)的规定，需要进行脱硝改造。

2.3.1.4 监测结论

通过对晋城寺河矿区煤层气开发项目和利用项目的能耗、环境进行监测，得出以下结论：

1. 能耗监测情况

煤层气开发项目主要耗能设备有钻机、泥浆泵、压裂机组、排采泵，四种井型中，垂直井单井能源消耗总量最低，为259.57t，其次是丛式井、U形井，分别为279.99t、673.30t，多分支水平井单井能源消耗总量最高，为1406.69t。由于不同井型产气量差别较大，单井单位产品能耗最低的为U形井，为0.0136kg/m^3，其次是多分支水平井、垂直井和丛式井，单井单位产品能耗分别为0.0237kg/m^3、0.0262kg/m^3和0.0283kg/m^3。

在现场监测期间，寺河煤层气电站机组的原料气用量和浓度均出现一定的波动，煤层气用量不能满足电站满负荷运行的需求，电站负荷率为67.03%。监测期间，全厂发电效率为38.81%，综合热效率为48.66%，其中1#单元热电联产综合热效率达到73.10%。

2. 环境监测情况

煤层气开发项目环境监测内容主要是废气排放量、废水杂质含量、废水外排量、地表破坏面积和噪声。多分支水平井单井废气废水排放量最高，U形井次之，垂直井和丛式井相差不多。此外，由于多分支水平井和U形井的井台面积和施工临时占地相同，且工程量大，地表生态破坏面积最大，而丛式井是井组共用井台，因此地表生态破坏面积最小。

煤层气发电机组运行时，煤层气电站厂界噪声均没有超出《工业企业厂界环境噪声排放标准》(GB 12348—2008)中规定的65dB(A)的限值，满足所在区域环境噪声的要求。

煤层气发电机组运行时噪声满足《中小功率柴油机噪声限值》(GB 14097—1999)规定的124dB(A)的限值。但是，2#单元厂房内部工作区域的噪声值超过了《工业企业设计卫生标准》(GBZ 1—2010)中规定的85dB(A)的限值，需要采取有效措施进行治理。可安装全封闭式的机组隔声装置来大幅度降低机组噪声对内部工作区域的影响，以达到国家标准的要求。

3. 循环水泵等辅助设备测试与评估

被测试的辅助设备主要有循环水泵、热网循环泵、冷却水泵、给水泵、冷却风机等共计10台。其中，热网循环泵(2#、4#)电动机和汽机间给水泵(1#、2#)电动机的负载率偏低，不仅导致运行不经济，造成“大马拉小车”现象，还会导致功率因数低，对电网运行很不利。应当根据工艺要求，调整所用电动机的运行参数，保证在合理负荷区间运行。其余6台辅助设备电动机的效率和负载率较高，运行正常。

4. 煤层气发电机组排烟参数测试与分析

4#单元机组排烟中一氧化碳(CO)的排放量为2.75g/kW·h，满足《重型车用汽油发动机与汽车排气污染物排放限值及测量方法(中国Ⅲ、Ⅳ阶段)》(GB 14762—2008)中CO排放限值(9.7g/kW·h)的规定；氮氧化物(NO_x)的排放量为1.27g/kW·h，超出了《重型车用汽油发动机与汽车排气污染物排放限值及测量方法(中国Ⅲ、Ⅳ阶段)》(GB 14762—2008)中NO_x排放限值(0.70g/kW·h)的规定，需要进行脱销改造。

5. 建议

(1) 煤层气电站应增强煤层气供应的保障。通过晋煤集团进行统一调配，提高运行的负荷率和稳定性，从而提高煤层气发电机组的运行时间和电站综合运行效率，减少机组开停及低负荷运行造成的设备损耗，电厂的经济性也会提高。

(2) 对余热进行合理的规划利用。目前4个单元余热利用具有一定的独立性，内燃机组产生的余热不够时，余热发电只能在低负荷下运行，发电效率下降；蒸汽轮机发电后的余热并没有利用，电站综合热效率不高。针对这两点问题，可以将4个单元蒸汽汇集，减少蒸汽轮机开机数量，保证运行负荷，提高发电效率；对蒸汽轮机发电后的蒸汽进行利用，可以换热后用于厂区和矿区洗浴、生活用水等用途。

通过以上措施，可以将电站综合发电效率从现在的38.81%提高到42%，按照年利用纯量煤层气2亿m^3计算，每年可以多发电6000万kW·h，增加收入3360万元。

(3) 机组排烟中氮氧化物(NO_x)的排放量超出了《重型车用汽油发动机与汽车排气污染物排放限值及测量方法(中国Ⅲ、Ⅳ阶段)》(GB 14762—2008)中NO_x排放限值(0.70g/kW·h)的规定，建议进行脱销改造，实现达标排放。

2.3.2 淮北芦岭煤矿煤层气开发利用工程

2.3.2.1 项目概况

淮北芦岭煤矿各煤层瓦斯含量和压力随埋藏深度的增加而增大，瓦斯含量梯度在 $2m^3/t \cdot hm$ 左右，现主采二水平（-590m）8 煤层瓦斯含量为 $18\sim21m^3/t$，瓦斯压力为 2.59~4.43MPa；三水平实测一处 9 煤层瓦斯压力为 5.0MPa（-882.1m），预计瓦斯含量为 $14m^3/t$；预计三水平 8 煤层、9 煤层瓦斯压力达到 4.43~6.47MPa。

8 煤层吸附常数 a 为 $35.587\sim39.063m^3/t$，b 为 $0.475\sim0.5327MPa^{-1}$，瓦斯吸附能力较强；8 煤层、9 煤层松软，煤的坚固性系数在 0.1~0.3 左右；煤层透气性低，煤层透气性系数 $2.8\times10^{-2}m^2/MPa^2 \cdot d$，为难抽放煤层；8 煤层孔隙率平均为 4.61%，瓦斯放散初速度值为 17~30。

芦岭煤矿目前主要的抽采措施有地面采动井抽采、拦截钻孔卸压瓦斯抽采、穿煤层钻孔卸压瓦斯强化抽采、采空区埋管抽采等措施。

芦岭煤矿现有两套地面永久瓦斯抽采系统：抽采能力为 980m/min；六套井下移动抽采系统，抽采能力 $800m^3/min$，矿井总抽采能力为 $1780m^3/min$。

地面 350 系统安装 2BEY-67 型水环式真空泵 2 台：1 台运转，1 台备用，额定流量为 $350m^3/min$，电机功率为 450kW，主要抽采Ⅱ88 采区底板钻孔、Ⅲ2 压裂井、LG01-V 井；目前抽采浓度 13%、抽采混合流量 $60m^3/min$、每天抽采瓦斯 1.5 万 m^3。

地面 630 系统安装 2BEY-72 型水环式真空泵 2 台：1 台运转，1 台备用，额定流量为 $630m^3/min$，电机功率为 1000kW，主要抽采Ⅱ84 采区、Ⅲ1022 区段底板钻孔、Ⅱ944 高抽巷、Ⅲ13 高抽巷、Ⅲ11 及Ⅲ13 地面采动井、Ⅲ1 压裂井。目前抽采浓度 16%、抽采混合流量 280 m^3、每天抽采瓦斯 5.5 万 m^3。

另外井下安装六套移动抽采系统，移动抽采泵型号为 2BE1353-0BD3，额定流量 $80m^3/min$，主要用于抽采回采工作面老塘、高位顺层钻孔及底板钻孔防喷孔瓦斯。Ⅲ11 地面采动井共有 8 口，2015 年 8 月开始合茬抽采，至今共抽采瓦斯总量为 1550.79 万 m^3。Ⅲ13 地面采动井共有 6 口，2017 年 3 月开始合茬抽采，至今共抽采瓦斯总量为 1068.31 万 m^3。Ⅲ1东压裂井共有 7 口，2008 年 2 月开始抽采，至今共抽采瓦斯总量为 1458.82 万 m^3。Ⅲ2 西压裂井共有 5 口，2011 年 1 月开始抽采，至今共抽采瓦斯总量为 1257.49 万 m^3。Ⅲ2 采区水平压裂井 2015 年 1 月开始抽采，至今共抽采瓦斯总量为 541.08 万 m^3（2015 年 10 月份开始并入系统电）。Ⅲ4 采区水平压裂井目前直井部分已施工完毕，正在筹备水平井的施工，预计 2018 年 6 月份竣工，7 月份压裂后具备合茬抽采条件。

芦岭煤矿 2017 年矿井建立了低浓瓦斯发电站，对低浓瓦斯进行发电利用，安设了 10 台 500kW 低浓度瓦斯发电机组，年发电量可达 1800kW·h，年利用瓦斯 1000 多万 m^3。2015 年瓦斯电厂进行扩容改建，新增 18 台 700kW 瓦斯发电机组，同时终止了居民生活用气的供应，所有抽采瓦斯全部用于发电，年发电量达 4900 多万 kW·h，利用瓦斯达 2300 多万 m^3。

2.3.2.2 监测方案

1. 主要监测设备清单(表 2-26~表 2-32)

表 2-26 直井钻井主要耗能设备

序 号	名 称		型 号	规 格	数 量
1	钻机		TSJ2600	—	1
	钻机动力系统	柴油机 1#	6135AN	155kW	2
		柴油机 2#	SC25G690D2 12V	505hp * 350hp	1\ 1
2	循环系统	钻井泵	F-500\ 350	—	1\ 1
		搅拌器		$1m^3$	1
3	固控系统	振动筛	ZQJ190×2	55L/s	1
		除砂器	QJQ200	$65m^3/h$	1

注： * 1hp=745.6999W。

表 2-27 水平井钻井主要耗能设备

序号	设备名称		规格型号	主要参数		投用日期
				参数	单位	
1	钻机		ZJ30J			2016 年
	钻机动力系统	柴油机	12V190PZL1	1000	kW	2016 年
		柴油机	CP12V190ZL-B	1000	kW	2016 年
		柴油机	TBD234V8	300	kW	2016 年
2	循环系统	泥浆泵	3NB1300C	960	kW	2016 年
3	固控系统	离心机	LW455-NY-B	30	kW	2016 年
		振动筛	RSD2008-B	60	L/s	2016 年
		除砂器	ZQJ300×2	240	m^3/h	2016 年

表 2-28 压裂工程主要耗能设备

设 备	数量/台	型 号	性能指标
主压泵车	6	3000 型	$1.76m^3/min$(75MPa)
主压泵车	2	2500 型	$1.94m^3/min$(52MPa)
仪表车	1	2500 型	
混砂车	1	2500 型	最大排量 $16m^3/min$
管汇车	1	2500 型	
管线车	1	—	15t
砂罐车	1	—	容积 $10m^3$/台
吊车	1	—	50t
吊车	1	—	25t

表 2-29 直井排采主要耗能设备

序 号	名 称	规 格	单 位	数 量	备 注
1	抽油机	CYJ-5-2.1-9HY	台	1	含变频调速电机、变频调速电机控制柜、抽油机护栏、抽油机安全标识及安装费

表 2-30 水平井排采主要耗能设备

序 号	名 称	规 格	单 位	数 量	备 注
1	螺杆泵	GLB180-CBM-18	台	1	含变频调速电机、变频调速电机控制柜、护栏
2	螺杆泵地面驱动	WZBQ15kW-QF	台	1	
3	控制柜	TLP15kW-QF	台	1	

表 2-31 排采控制系统

序 号	名 称	规 格	单 位	数 量	备 注
1	便携式井场控制柜	KRC-806-E0	套	1	
2	地面显示仪	KRD-932-WO-DD	套	1	
3	主控制器	KRMC-901-S0-G	套	1	
4	人机交互界面	TPC7062	套	1	
5	井下压力计	KRG-831L-mDC-S	个	1	双回路
6	PC 客户端	KRSW-iServer-iCBM	套	1	

表 2-32 排采监测仪表

序 号	名 称	规 格	单 位	数 量	备 注
1	压力表	0~2.5MPa	只	2	抗震
2	压力表	0~1.0MPa	只	2	抗震
3	套压变送器	KRT-831m-6	只	1	
4	旋进漩涡气体流量计	6~75m^3/h 精度 1.5 级、防爆：CT4、带温压补偿	个	1	DN50

2. 监测点部署

围绕监测需求，主要监测淮北芦岭煤矿煤层气开发项目的耗油量、耗电量、耗水量等能耗参数，煤层气产量、煤层气浓度等产品量参数，废气排放量、废水排放量、噪声等环境参数。

2.3.2.3 监测数据

1. 产气量监测

芦岭煤矿对分段水平井 LG01-V 排采情况进行监测，主要监测指标有冲程、冲次、井温、套压、压力计、井底流压变化、动液面位置、动液面距 8#煤层距离、动液面日下降量、日产水量、累计产水量、日产气量、累计产气量。该井自 2015 年 4 月 16 日开始产气，截至 2018 年 3 月 15 日累计产气 537.46 万 m^3。淮北芦岭煤矿煤层气分段压裂水平井排采情况如图 2-7 和图 2-8 所示。

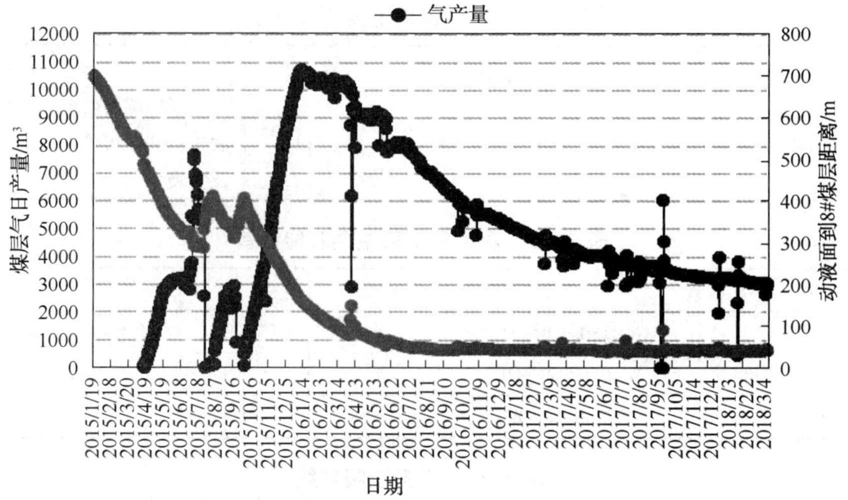

图 2-7　淮北芦岭煤矿煤层气分段压裂水平井日产气量

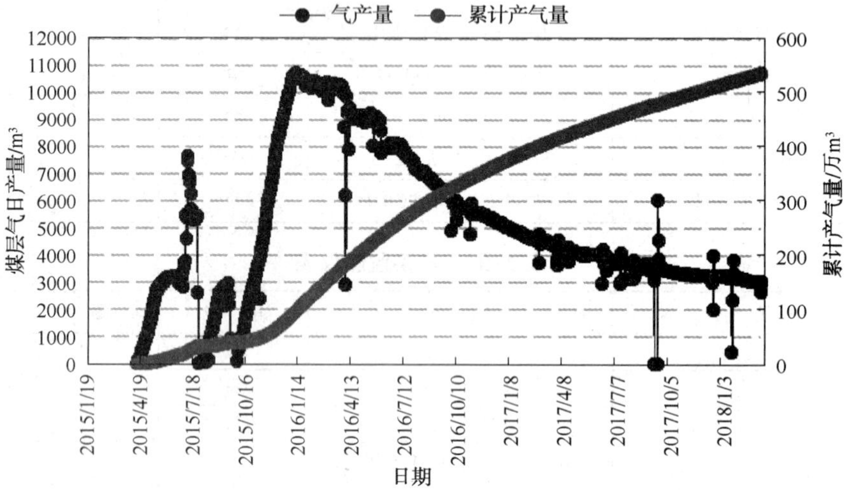

图 2-8　淮北芦岭煤矿煤层气分段压裂水平井累计产气量

2. 废水监测

（1）勘探阶段(表 2-33)。

表 2-33　淮北煤层气泥浆池水质检测结果

	pH 值		SS 值		COD 值		OIL 值	
	范围	平均	范围	平均	范围	平均	范围	平均
采样地点	7.66~8.59	7.98	185~443	268	2306~3977	3266	8.99~30.9	19.44
泥浆池排放标准	6~9		150		150		10	

注：1. 排放标准采用 GB 8978—1996《污水综合排放标准》二级标准。

2. 除 pH 值外，参数单位均为 mg/L。

（2）试生产阶段(表2-34)。

表2-34　淮北煤层气生产前的井口废水检测结果

	pH值		SS值		COD值		OIL值	
	范围	平均	范围	平均	范围	平均	范围	平均
采样地点	7.36~7.67	7.50	83~327	171.4	810~1802	1180	5.54~51.4	25.7
井口排放标准	6~9		150		150		10	

注：1. 排放标准采用GB 8978—1996《污水综合排放标准》二级标准。

2. 除pH值外，参数单位均为mg/L。

（3）开采阶段(表2-35、表2-36)。

表2-35　淮北煤层气采气排水水质

采样地点	pH值		SS值		COD值		OIL值	
	范围	平均	范围	平均	范围	平均	范围	平均
1号井	7.50~8.25	8.06	12.0~167.0	63.0	10.9~127.0	71.5	1.04~842	2.76
2号井	8.16~8.42	8.29	11.0~128.0	60.8	18.2~83.0	51.1	1.48~5.09	2.72
3号井	7.84~8.42	8.20	42.0~119.0	74.0	33.6~93.0	69.1	0.59~5.33	1.74
排放标准	6~9		150		150		10	

注：1. 排放标准采用GB 8978—1996《污水综合排放标准》二级标准。

2. 除pH值外，参数单位均为mg/L。

表2-36　采气排出水水质盐分组成　mg/L

井名	Na^+	Ca^{2+}	Mg^{2+}	HCO_3^-	CO_3^{2-}	SO_4^{2-}	Cl^-	矿化度
湖南冷试1井	3366	12.0	2.43	未检出	未检出	151.7	1844	5376
大城胜热1井	1170	—	6.00	250	—	5.00	1671	3165
大参1井	1547	24.0	12.2	890.9	30.0	140.2	1808	4452

2.3.2.4　监测结论

通过对淮北芦岭矿煤层气开发项目的产气量、环境进行监测，得出以下结论：

1. 产气量情况

通过现场监测数据可知，井号为LG01-V的分段水平井产气量经历了由低到高、再降低的过程。自2015年10月以后，产气量上升加快，在2016年1月12日达到顶峰，日产气量为10754.8m^3，之后逐渐下降，且在2015年12月31日到2016年4月4日期间，均保持10000m^3以上的日产气量。截至2018年3月14日，LG01-V的分段水平井累计产气量5.372×$10^6$$m^3$。

2. 环境监测情况

经过对淮北芦岭矿泥浆池水、井口废水、采气排水水质监测数据可知，泥浆池水和井口废水水质的pH值符合排放标准，SS值、COD值和OIL值均超过排放标准，需要配备污

水处理厂进行进一步处理。此外，三处采样点的采气排水水质的 pH 值、SS 值、COD 值和 OIL 值均符合排放标准，可直接排放。但由于采气排水水质矿化度较高，直接排放仍会对环境造成一定影响，因此建议经污水处理厂处理后排放。

2.3.3 淮南张集矿煤层气开发利用工程

2.3.3.1 项目概况

张集矿煤层气开发利用方式是井下钻孔抽采煤层气，设置地面泵站，将煤层气抽出，输送至发电厂利用。

中央区地面永久抽采泵站现有 8 台泵：1 台 2BES-72 型水环真空泵(最低吸入绝压 16kPa，气量 500m^3/min，配套电机功率 800kW)，1 台 2BEF-72 型水环式真空泵(最低吸入绝压 16kPa，气量 450m^3/min，配套电机功率 560kW)，6 台 2BEY-72 型水环式真空泵(最低吸入绝压 16kPa，气量 533m^3/min，配套电机功率 800kW)；采取 5 用 3 备模式。

东风井区地面瓦斯抽采泵站安装 4 台 2BEY-72 型水环式真空泵(最低吸入绝压 16kPa，气量 550m^3/min，配套电机功率 800kW)。东风井回风井筒有 3 个 ϕ800mm 入井管路，与中央区-745m 水平井下 ϕ630mm 的抽采主干管路相连。

北区地面瓦斯泵站安装 4 台 2BEF-72 型抽采泵(最低吸入绝压 16kPa，气量 440m^3/min，配套电机功率 560kW)，2 台 2BEY-72 型水环式真空泵(最低吸入绝压 16kPa，气量 533m^3/min，配套电机功率 800kW)。正常情况下 2 台运转，2 台备用。1#、2#瓦斯泵与地面 1#钻孔形成系统；3#、4#瓦斯泵与地面 2#钻孔形成系统，两个系统可以分别单独抽采，也可以合并抽采。

风井区地面瓦斯抽采泵站安装 1 台 2BEY-72 型水环式真空泵(最低吸入绝压 16kPa，气量 533m^3/min，配套电机功率 800kW)，3 台 2BEF72 型抽采泵(最低吸入绝压 16kPa，气量 440m^3/min，配套电机功率 560kW)。西风井地面有 2 个 ϕ630mm 入井抽采钻孔，与西风井井下 ϕ630mm 的抽采主干管路相连，为混抽模式。

地面永久抽采泵站主要通过地面 2 个孔径 ϕ426mm 钻孔和 4 个孔径 ϕ630mm 钻孔与井下东西翼 ϕ426mm、ϕ630mm 主抽采管网连接。

2.3.3.2 监测方案

围绕监测需求，主要监测淮南张集矿煤层气抽采项目的耗油量、耗电量、耗水量等能耗参数，煤层气产量、煤层气浓度等产品量参数，废气排放量、废水排放量、噪声等环境参数。淮南张集矿煤层气抽采项目监测点部署如图 2-9 所示。

监测点部署：

(1) 抽采项目中进入系统的能耗：抽采泵房、配电间、水泵房。

(2) 煤层气产品参数：抽采泵房、煤层气外输管路。

(3) 环境参数：抽采泵房、循环水池。

监测仪器和参数见表 2-37：

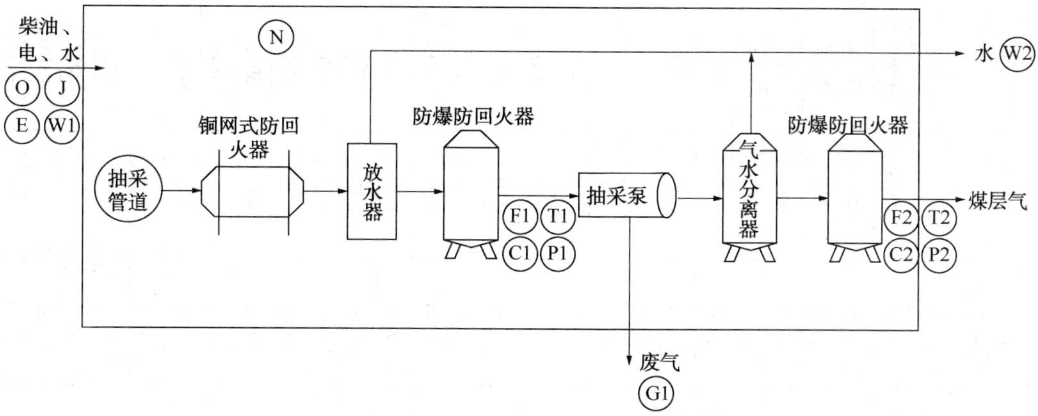

图 2-9　淮南张集矿煤层气抽采项目监测点部署

表 2-37　淮南张集矿煤层气抽采监测符号示意表

监测位置	符　号	描　述	主要监测仪器
用来计算能耗类别的指标			
煤层气抽采泵房	F1	抽采煤层气流量	气体流量计
	C1	抽采煤层气浓度	浓度计
	T1	抽采煤层气温度	热电偶
	P1	抽采煤层气压力	压力传感器
煤层气外输管路	F2	进入发电厂的气体流量	气体流量计
	C2	进入发电厂的气体浓度	浓度计
	T2	进入发电厂的气体温度	热电偶
	P2	进入发电厂的气体压力	压力传感器
配电间	E	抽采系统耗电量	电表
水泵房	W1	抽采系统耗水量	水表
抽采泵房	O	抽采系统耗油量	
用来计算环境类别的指标			
循环水池	L1	废水排放	
抽采泵房	G1	废气排放	烟气分析仪
	N	噪声	

2.3.3.3　监测数据

煤矿瓦斯抽采环节：中央区地面永久抽采泵站现有 8 台泵：1 台 2BES-72 型水环真空泵(最低吸入绝压 16kPa，气量 500m^3/min，配套电机功率 800kW)，1 台 2BEF-72 型水环式真空泵(最低吸入绝压 16kPa，气量 450m^3/min，配套电机功率 560kW)，6 台 2BEY-72 型水环式真空泵(最低吸入绝压 16kPa，气量 533m^3/min，配套电机功率 800kW)。其中 1#、5#、6#、7#和 8#泵投入使用。

2018 年 4 月 16 日 0：00—2018 年 4 月 16 日 24：00，对淮南张集矿中央区瓦斯抽采进行监测，主要监测内容为瓦斯浓度、大气压力、管道负压和抽采量等，具体监测情况见表 2-38。

表 2-38　张集矿（中央区）地面永久抽采系统监测表

抽采泵/管路	抽采地点	抽采类型	瓦斯浓度	大气压力	管道负压		气体温度	流量	日抽采量	本月累计
			%	mmHg	mmHg	kPa	℃	m^3/min	m^3	m^3
2BEY-72（5#泵）2#管道	1123(3)底抽巷(抽巷道)	卸压抽采	11.6	817	-172	-22.9	30	12.39	17842	282327
	1121(3)高抽巷	卸压抽采	48.0	812	-175	-23.3	31	7.90	11376	105941
	1313(3)底抽巷	原始预抽	9.0	813	-186	-24.7	31	3.20	4608	88068
2BEY-72（1#、6#泵）1#、4#管道	1414(1)上隅角	边采边抽	1.3	812	-130	-17.3	28	0.93	1339	32875
	1414(1)运顺顺层孔	边采边抽	2.5	812	-148	-19.7	28	0.06	86	1597
	1414(1)顶板孔	边采边抽	5.3	812	-142	-18.9	28	2.57	3701	64612
	1422(1)底抽巷	卸压抽采	0.6	812	-165	-21.9	29	0.09	130	1744
	1422(1)运顺顺层孔（第一评价单元）	采前预抽	8.3	814	-135	-18.0	26	0.21	302	4131
			8.1		—	-18.2		0.21		4074
	1422(1)轨顺顺层孔（第一评价单元）	采前预抽	18.0	814	-162	-21.5	27	0.52	749	4804
			18.3		—	-22.3		0.53		4837
	1421(3)底抽巷	原始预抽	0.9	812	-146	-19.4	29	0.34	490	9648
	21126 底抽巷	原始预抽	7.6	828	-115	-15.3	29	1.32	1901	46354
2BEY-72（7#泵）5#管道	1132(1)顶板孔	边采边抽	9.0	813	-130	-17.3	29	6.27	9029	111097
	1132(1)上隅角	边采边抽	2.6	813	-127	-16.9	28	2.04	2938	20003
	1114(1)顶板孔	边采边抽	1.2	812	-148	-19.7	30	0.42	605	6266
	1114(1)上隅角(插管)	边采边抽	0.5	812	-176	-23.4	30	0.08	115	1930
	11129 高抽巷	卸压抽采	2.5	817	-160	-21.3	29	0.64	922	5470
	11129 轨顺下向穿层孔	采前预采	3.6	817	-112	-14.9	28	0.23	331	4032
	1313(1)轨顺顺层孔（第一评价单元）	采前预抽	8.4	825	-145	-19.3	31	0.32	461	13915
			8.2		—	-19.6		0.32		13896
	1313(1)轨顺顺层孔（第二评价单元）	采前预抽	9.2	825	-133	-17.7	30	0.41	369	47787
			8.9		—	-18.1		0.41		48267
	1313(1)运顺顺层孔（第一评价单元）	采前预抽	11.5	825	-140	-18.6	25	0.73	438	39327
			11.8		—	-19.0		0.72		39554
	1313(1)运顺顺层孔（第二评价单元）	采前预抽	10.3	825	-134	-17.8	28	0.41	590	17401
			10.5		—	-18.2		0.42		17418

续表

抽采泵/管路	抽采地点	抽采类型	瓦斯浓度	大气压力	管道负压		气体温度	流量	日抽采量	本月累计
			%	mmHg	mmHg	kPa	℃	m^3/min	m^3	m^3
2BEY-72（8#泵）6#管道	1311(3)上隅角	边采边抽	0.5	811	-201	-26.7	28	0.13	187	4593
	1123(3)上隅角	边采边抽	1.0	812	-185	-24.6	27	0.66	950	16717
	1123(3)顶板孔	边采边抽	10.6	812	-188	-25.0	26	5.31	7646	114880
	1123(3)运顺顺层孔	采前预抽	17.5	812	-190	-25.3	22	1.17	1685	25230
自动计量		地面1#管路抽采量	4.3	760	—	-50.0	21	3.91	5623	94517
		地面2#管路抽采量	14.4	760	—	-47.9	22	23.64	34002	483125
		地面4#管路抽采量	2.1	760	—	-37.4	21	2.26	3204	69575
		地面5#管路抽采量	4.7	760	—	-35.3	21	11.97	16918	275403
		地面6#管路抽采量	4.9	760	—	-37.7	21	7.41	10475	167575
		小计							70222	
人工计量		地面1#管路抽采量	4.4	760	-371	-49.3	21	3.95	5688	95673
		地面2#管路抽采量	14.8	760	-356	-47.3	22	23.96	34502	481393
		地面4#管路抽采量	2.2	760	-283	-37.6	21	2.33	3355	73685
		地面5#管路抽采量	4.6	760	-274	-36.4	21	11.63	16747	278294
		地面6#管路抽采量	5.0	760	-279	-37.1	21	7.49	10786	168509
		小计							71078	1097554

2.3.3.4 监测结论

对淮南张集矿中央区瓦斯抽采的浓度、大气压力、管道负压和抽采量进行监测，得到以下结论：

张集矿中央区地面永久抽采煤层气采用自动计量和人工计量两种模式，自动计量日抽采量 70222m^3，人工计量日抽采量 71078m^3。抽采的煤层气浓度范围较宽为 0.5%～48%。不同管道流量相差较大，流量范围为 0.06～12.39m^3/min。此外，抽采巷道、顺层钻孔和顶板孔等地下抽采管道负压范围为 -15～-25.3kPa，地面管路管道负压较大为 -35.3～-50kPa。

第 3 章

煤矿区煤层气开发利用工程化评价及软件系统

本章在分析煤矿区煤层气地面开发、井下抽采、集输和利用评价范围、技术特点基础上，研究建立了技术-环境-经济相结合的全产业链综合评价方法，针对不同技术环节，构建相应的技术、环境、经济三级评价指标体系，开发了模块化输入输出的综合评价模型及软件系统；应用评价方法和模型，重点对垂直井、丛式井、多分支水平井、U形井4种地面开发技术，底板穿层钻孔、顶板高位钻孔、本煤层顺层钻孔3种井下抽采技术，管道集输、压缩煤层气集输、液化煤层气技术3种集输技术，高浓度煤层气液化、中高浓度煤层气发电、低浓度煤层气发电、乏风氧化发电等7种利用技术进行了综合评价，量化评价了不同技术的能效、碳减排、经济效益等技术、环境、经济指标，为客观评价技术发展水平和政策制定提供科学决策依据。

3.1 煤矿区煤层气地面开发工程评价方法和模型

3.1.1 煤矿区煤层气地面开发评价范围

国内外的煤层气储层特点和地质条件差异明显，为适应不同的储层特点和地质条件，形成了不同的煤层气开发方式和开发技术，煤层气开发技术主要包括钻井技术、完井技术、压裂技术和排采技术。

1. 钻井技术

煤层气地面开发方式根据井型可分为垂直井、丛式井和水平井开发，钻井技术根据钻进方式可分为常规钻进技术和欠平衡钻进技术。

地面垂直井适合于地质构造简单或相对简单，目标煤层深度300~1200m，厚度大且稳定，目标煤层1~3层，目标煤层以碎裂-原生结构为主，煤层气含量及渗透率相对较高煤层。已形成潘庄、柿庄、樊庄、潘河和阳泉寺家庄等多个煤层气开发区，主要采用地面垂直井、套管完井作业方式进行煤层气开发，单井最高日产气量达到16000m^3，平均日产量2000m^3。

丛式井开发方式适用条件和产能状况与地面垂直井基本一致，对地形、交通条件的要求较地面垂直井低，且成本较低。国际上煤层气开发丛式井的应用较少，国内的晋城煤业集团、中国石油在沁水盆地南部施工了丛式井，日产量约2500m^3。

多分支水平井是集钻井、完井和增产措施为一体的技术，其优点有：①增加有效供给范围，提高导流能力；②对煤层的伤害减少，单井产量高，采出程度高；③井场占地面积小，环境影响小，设施少，经济效益好。适用于比较厚而且呈连续分布的煤层，特别是在低渗透储层中效果更好，不适用于孔隙度较大的高渗透煤层和夹有灰岩层或砂岩层的较薄煤层。该井主要集中在沁水盆地的晋城、寿阳、端氏、大宁等地区。

U形井是在合适位置施工一口排采直井，用来排水采气，在距离排采直井一定距离处（一般>1000m）施工的工程井，用来进入煤层并形成长度800m的煤孔，并与排采直井对接。U形地面水平井技术主要包括地质选区、井位设计、钻孔轨迹设计、排采设备及工艺等。

2. 完井技术

完井是为了建立井筒与煤储层的连接通道，保证气体向井筒的流动。为了满足各种不同储层物性的煤层气经济有效开发的需要，形成了多种完井方法，主要有裸眼完井、筛管完井、套管射孔完井、裸眼洞穴完井和井下扩孔完井5种完井方法，近年来探索实验了非金属筛管完井、氮气扩孔等新技术。其中，裸眼完井适合高渗透煤层，在国内应用效果不理想。国内主要完井技术有动力洞穴完井和套管射孔压裂完井，对于地形和地质复杂的地区，运用混合完井方式。

动力洞穴完井工艺技术的优点是具有不进行单相注入/压降试井和压裂等措施，就可以达到单井面积降压、恢复和提高煤层渗透率。适用于煤层割理发育，物性较好、封盖条件好、厚度大、含气量及解吸率高的中低挥发分(中高煤阶)的煤岩储层。该技术在山西临县程家塔乡后南裕村的LX20001井应用，煤层通过人工造穴后，其渗透率比造穴前提高了近8.2倍。

套管射孔压裂完井的主要优点是可对不同的煤层实行单独的完井，钻井时不会出现井壁不稳定问题，使用钻井液钻井时可对大规模的水侵和气侵进行有效控制。套管完井初期投入较高，但后期维护费用较低。适用于储层埋藏较深，强度大，渗透率高，含气饱和度高，且地应力较大的地区。

3. 压裂技术

压裂是为了产生更多次生裂缝，改善储层渗透率，提高单井产气量，根据压裂液不同可分为活性水压裂、交联冻胶压裂、泡沫压裂、清洁压裂液压裂，根据压裂工艺可分为直井分层压裂、水平井压裂、井网同步压裂和重复压裂。

我国煤层气具有低压、低产、低渗的特征，压裂技术是提高煤层渗透率、提高煤层气产量的重要措施。煤矿区煤层气抽采压裂技术有清水压裂技术、加砂水压裂技术、冻胶压裂技术、二氧化碳泡沫压裂技术、氮泡沫压裂技术、液氮压裂技术、多脉冲压裂技术等。

定向井压裂具有近井带多裂缝、裂缝转向等特点，导致压裂难度大、压裂效果差。煤矿区井下压裂根据矿井实际情况和压裂技术特点，形成了本煤层压裂、煤层顶板抽放巷深孔压裂、煤层底板抽放巷深孔压裂等多种压裂方式。我国常用的压裂技术主要是清水(不加砂)压裂技术、加砂水压裂技术、二氧化碳泡沫压裂技术。

清水压裂技术在国内外运用较为普遍，优势在于对煤储层伤害小、成本低、压裂工艺相对简单、易于实施，符合煤层气低成本开发要求。该技术适用于煤层比较坚硬的情况，在山西沁水盆地中硬煤层煤层气井压裂应用已相当成熟。如要应用于较软的储层，则必须对压裂液进行特殊处理。因此，为了适应更多的煤层，新型压裂材料的研究是未来压裂技术发展的一个重要方向。

水力喷砂压裂技术集喷砂射孔、加砂压裂、自动隔离于一体，其压裂过程中产生的射流增压和水力封隔作用能够保证不需要机械封隔器即可实现定点压裂，特别适用于无法坐封封隔器的筛管井和裸眼井。

CO_2泡沫压裂液具有对储层伤害小、返排能力强、滤失量小和携砂能力强等特点，在油气田，特别在低压、水敏性储层中得到应用。与常规水基压裂液不同的是 CO_2泡沫压裂液要求在酸性环境下交联，我国开发研制出了 AC-8 酸性交联剂，形成了 CO_2泡沫压裂的配套技术。

通过煤层钻孔局部气化的方法，既可以实现资源高效利用，又能实现局部煤层增透降阻的目的，是一项新的增透技术。国外进行了煤气化技术研究和工业实践，实现了煤炭资源的气化转换；我国进行了规模化实验并得到了技术突破，取得了巨大进步。

4. 排采技术

排采是保障煤层气井安全稳定生产的关键环节。煤层气井的排水采气工艺技术包含的种类较多，包括有杆泵、螺杆泵、电潜泵、射流泵、液压泵、电潜螺杆泵、气举等排水采气工艺技术。目前我国常用的排采方法有：有杆泵、螺杆泵，加强电潜泵、气举和新型无杆开采煤层气等技术研发，也有部分学者正在研究排采自动化技术，这一技术将会有效降低生产成本和提高煤层气井的精细化排采水平。

（1）有杆泵排水工艺技术的优点是适应性强、操作简单、配套技术成熟、技术成本低；但其排量相对较小，日产水量不超过 $60m^3$。该技术一般在井斜相对较小，出砂、出粉较少的煤层气井中应用较为理想，在产水量大的区域应用受限程度较大，且无法应用于斜井、定向井以及多分支水平井。

（2）螺杆泵排水工艺的优点是地形适用范围广，初期投入成本低，基础性维护费用低，排量大且控制灵活为 $0.1\sim200m^3/d$；但其定子易损、固体颗粒易引起抽油管断裂、抽空情况下易引起“烧泵”等问题。螺杆泵排水工艺一般适用于口袋小、产水量高、出砂出煤粉严重的煤层气井，在水平井和斜井的应用上同样具有局限性。

（3）电潜螺杆泵专为煤层气生产而设计，综合了螺杆泵和电潜泵的优点，适用于直井、斜井和水平井。优点包括：①电潜螺杆泵没有抽油杆，因此避免了有杆泵难以应用于斜井和水平井的问题；②电潜螺杆泵作为容积泵可以在高含气、高含砂等电潜泵难以应用的井况下正常工作；③地面设施少、运转安静、节能和自动化排采控制等诸多优点，同时可以明显提高排气量。缺点包括：排量调节范围偏小，日排量为 $0\sim50m^3$。通过对晋城矿区煤层气水平井排采分析，水平井前期排水降压时，单井日排水量大为 $0\sim200m^3$，电潜螺杆泵不太适合晋城矿区水平井，更适合定向井或产水量小的水平井。

（4）液压泵的水力无杆排采系统是集自动化控制、液压、机械一体化的高技术产品，主要原理是用液压动力装置取代筒式泵抽油杆的往复运动，能有效解决偏磨问题。优点包括：排量无级可调，能耗低，易于远程控制；每个冲程上止点，高压动力液进入泵腔内冲洗固定阀，增加携带煤粉能力，防止泵气锁出现气锁现象（每个冲程上止点有高压液进入泵腔提高泵充满度）；空芯杆不运动，无杆管偏磨，无光杆密封器，可在一定程度上解决盘根漏气问题；适用大斜度井或直接下入水平段；可从空芯杆内注入洗井液，完成油管清洗；地面换向可靠，井内机组结构简单，运行寿命长。缺点包括：日排量调节范围为 $0\sim120m^3$。与晋城矿区煤层气水平井排水量要求还有一定的差距。

（5）射流泵具有以下特点：①不受井斜角度的影响。井口与井下工具没有运动部件，适应任何角度的生产井，生产过程中固定阀处于常开状态，无偏磨；②排砂能力强。井口井下设备无运动件，适应于地层砂含量<10%、砂子粒径<2mm 情况；③减少卡泵。吸入口有绕丝筛管保护，保证排砂采气生产；④维护方便，作业免修期长。无需动管柱液力起下检泵，检泵周期 956d 以上，捞泵周期 14.25 个月；⑤调整工作参数方便。微调时调节变频器频率，控制地面泵出口流量和压力，大幅调整时，不动管柱起出泵芯，调整喷嘴喉管面积比，实现油井日产液量 0~200m^{3}无级调整，扬程在 0~3000m。

（6）气举就是将注气通道、排水通道和采气通道有效的分离开来，利用井下压力计作为控制源，以压缩的空气(或煤层气)作为举升煤层产出水的动力气，以气携水从而达到排出煤层产出水、采出煤层气的目的。该系统可实现日排量在 0~60m^3、沉没度最低 10m 范围内的任意调节，满足煤层气排水量连续可调的要求。整套工艺连接、组装方便，可操作性强。

3.1.2 煤矿区煤层气地面开发工程评价指标体系

煤矿区煤层气开发阶段主要探讨现有技术的适用性、资源消耗、温室气体减排效益、社会效益、投入和产出等，建立了三级评价指标体系，包含 1 个一级指标(综合指标)、3 个二级指标(技术指标、环境指标、经济指标)，13 个三级指标(产气量、能耗、技术适应性、技术成熟度、碳减排效益、地表生态破坏、废液外排量、废气排放量、投资、生产成本与费用、净现值、内部收益率、投资回收期)。建立的煤矿区煤层气地面开发评价指标体系见表 3-1。

表 3-1 煤矿区煤层气地面开发评价指标体系

一级指标	二级指标	三级指标
综合指标(I)	技术指标(A_1)	产气量(B_{11})
		单位产品能耗(B_{12})
		技术适应性(B_{13})
		技术成熟度(B_{14})
	环境指标(A_2)	碳减排量(B_{21})
		地表生态破坏(B_{22})
		废液外排量(B_{23})
		废气排放量(B_{24})
	经济指标(A_3)	投资(B_{31})
		生产成本与费用(B_{32})
		净现值(B_{33})
		内部收益率(B_{34})
		投资回收期(B_{35})

3.1.3 煤矿区煤层气地面开发工程评价模型

3.1.3.1 技术指标

1. 产气量

本文对煤层气开发工程评价期为 15 年，年排采天数为 330 天，则煤层气井产气量公式为：

$$Q=Q_d \times 330 \times n \times 15/10000$$

式中 Q——煤层气井总产气量，万 m^3；

Q_d——煤层气井日产气量，m^3；

n——煤层气井数，口。

2. 单位产品能耗

单位产品能耗是反映能源消费水平和节能减排水平的指标，其公式为：

$$E=\frac{E_{总} \times 1000}{Q \times 10000}$$

式中 E——单位煤层气能耗，kg/m^3；

$E_{总}$——煤矿区煤层气开发总耗能，t。

3. 技术适应性

技术适用性是衡量技术在不同地质条件下的适应性，包括地质条件、地形条件、煤储层条件适应性等。技术适应性越高，生产效果越好，管理方便，检修次数少，生产成本低。

4. 技术成熟度

技术成熟度是衡量技术满足预期应用目标的程度，是技术所处的发展阶段。技术越成熟代表该技术可靠性越高，应用起来风险越小。反映当前所考察技术的发展阶段，分为研发中、工业性示范、商业化示范和推广应用四个阶段。

3.1.3.2 环境指标

1. 碳减排量

煤矿区煤层气利用可以减少温室气体排放，在对温室效应的贡献上，甲烷的增温潜力值(GWP)是 CO_2的 21 倍(100 年)。碳减排量计算方法：

$$I_e(i)=\sum_{i=0}^{n} Q(i) \times \psi_{CH_4} \times \rho \times E_{m-CO_2} \times 10$$

式中 $I_e(i)$——第 i 年煤层气开发碳减排量，t；

$Q(i)$——第 i 年煤层气产量，万 m^3；

ψ_{CH_4}——煤层气中平均 CH_4 含量，%；

ρ——标准状态下 CH_4 的密度，kg/m^3；

E_{m-CO_2}——造成同等温室效应下 CH_4的 CO_2当量。

2. 生态环境伤害面积

煤层气开发不可避免的伤害了地表生态环境，钻井施工场地为临时占地，施工结束后进行场地复垦和场地覆土绿化；排采井场为永久占地。生态环境伤害面积为：

$$S=S_p+S_t\times R_g$$

式中 S——生态环境伤害面积，m^2；

S_p——钻井施工场地临时占地面积，m^2；

S_t——排采井场永久占地面积，m^2；

R_g——场地复垦和覆土绿化率,%。

3. 废水排放量

煤矿区煤层气开发废水主要包括钻井废水、压裂废水和排采废水，排出的废水经沉淀池及污水处理池后循环利用，对环境造成危害的是废水外排量，公式为：

$$W_w=(W_{zw}+W_{yw}\times W_{pw})\times(1-R_c)$$

式中 W_w——废水排放量，m^3；

W_{zw}——钻井废水产生量，m^3；

W_{yw}——压裂废水产生量，m^3；

W_{pw}——排采废水产生量，m^3；

R_c——废水循环利用率，%。

4. 废气排放量

废气主要产生自钻井柴油动力机组排放的废气，均因消耗柴油产生污染，废气排放量为：

$$W_g=\sum_{i=1}^{n}M_o\times W_{gi}$$

式中 W_g——废气排放量，t；

M_o——消耗柴油的质量，t；

W_{gi}——单位柴油排放第 i 种污染物的排放量，t；

n——燃烧柴油排放的污染物的种类。

3.1.3.3 经济指标

煤矿区煤层气地面开发经济评价采用动态分析方法，动态分析方法既可以反映资金的时间价值，又考虑了项目在整个寿命期间内收入与支出的全部经济数据，是一种更科学、更全面的分析方法。动态分析方法的指标主要有净现值、内部收益率、效益费用比和投资回收期。

1. 投资

参照《中国石油天然气股份有限公司建设项目经济评价方法与参数》及税法的相关规定，且本次评价中不考虑借款情况，则煤层气开发投资计算公式：

$$C=C_z+C_{dy}+C_y+C_l$$

式中　C——煤层气投资总额，万元；

C_z——煤层气开发钻井工程投资总额，万元；

C_{dy}——煤层气开发递延资产，万元；

C_y——煤层气开发预备费，万元；

C_l——煤层气开发流动资金，万元。

2. 成本

反映所考察技术在煤层气开发过程中的资本耗费，包括生产成本、费用和税费三大部分。成本的计算公式如下：

$$F(i)=F_p(i)+F_c(i)+F_t(i)$$

式中　$F(i)$——煤层气开发第 i 年发生的成本与费用总额，万元；

$F_p(i)$——煤层气开发第 i 年生产成本，万元；

$F_c(i)$——煤层气开发第 i 年产生的费用，万元；

$F_t(i)$——煤层气开发第 i 年应交税费，万元。

生产成本主要由操作成本和折旧费组成，操作成本包括材料费、燃料动力费和人员人工费，折旧费采用年限总和法。生产成本公式为：

$$F_p(i)=F_h(i)+F_d(i)$$

式中　$F_h(i)$——煤层气开发第 i 年操作成本，万元；

$F_d(i)$——煤层气开发第 i 年折旧费用，万元。

操作成本公式为：

$$F_h(i)=F_m(i)+F_f(i)+F_r(i)$$

式中　$F_m(i)$——煤层气开发第 i 年材料费，万元；

$F_f(i)$——煤层气开发第 i 年燃料动力费，万元；

$F_r(i)$——煤层气开发第 i 年人员人工费，万元。

折旧费计算公式为：

$$F_d(i)=F_{fix}(1-R_{exp})\frac{2(m+1-i)}{(m+1)m}$$

式中　F_{fix}——固定资产总额，万元；

R_{exp}——预计净残值率，%；

m——预计折旧年限，年。

煤层气开发期间费用包括管理费用、销售费用和地表恢复费用：

$$F_c(i)=F_a(i)+F_s(i)+F_L$$

式中　$F_a(i)$——煤层气开发第 i 年管理费用，万元；

$F_s(i)$——煤层气开发第 i 年销售费用，万元；

F_L——煤层气开发地表恢复费用，万元。

煤层气开发地表生态环境恢复主要考虑钻井前的井场平整和钻井施工对植被的破坏，地表植被恢复费用采用重置成本法计量。地表恢复费用为：

$$F_L=S_q\times C_q(i)$$

式中 S_q——植被破坏总面积，m^2；

$C_q(i)$——每平方米植被恢复费用，万元。

根据财政部和国家税务总局发布《关于加快煤层气抽采有关税收政策问题的通知》，煤层气开发增值税实行先征后退政策，暂不征收资源税，应缴纳的税费包括：所得税、城市维护建设税、教育费及附加。计算公式为：

$$F_t(i)=T_b(i)+T_u(i)+T_e(i)$$

式中 $F_t(i)$——第 i 年应交税费总额，万元；

$T_b(i)$——第 i 年应交所得税税额，万元；

$T_u(i)$——第 i 年应交城市维护建设税税额，万元；

$T_e(i)$——第 i 年应交教育费及附加税额，万元。

3. 净现值

净现值是指在项目的经济寿命周期内，根据某一规定的基准收益率 i_0，将各期的净现金流量折算为基准期的现值代数和。其计算公式为：

$$NPV=\sum_{t=0}^{n}(CI-CO)_t(1+i_0)^{-t}$$

式中 NPV——煤矿区煤层气评价期内的净现值，万元；

CI——开发煤层气项目现金流入，万元；

CO——开发煤层气项目现金流出，万元；

i_0——基准折现率,%；

t——项目评价期，年；

n——项目计算期，年。

煤层气开发现金流入计算公式如下：

$$CI(i)=I(i)+I_{sub}(i)+I_s(i)$$

式中 $CI(i)$——第 i 年开发煤层气现金流入，万元；

$I(i)$——第 i 年煤层气销售收入，万元；

$I_{sub}(i)$——第 i 年煤层气补贴收入，万元；

$I_s(i)$——第 i 年煤层气开发安全效益，万元。

煤层气开发现金流出计算公式如下：

$$CO(i)=C+F(i)+T(i)$$

式中 $CO(i)$——第 i 年开发煤层气现金流入，万元；

C——煤层气开发投资总额，万元；

$F(i)$——第 i 年煤层气开发过程中发生的成本与费用总额，万元；

$T(i)$——第 i 年应交税费总额，万元。

（1）煤层气销售收入计算公式：

$$I(i)=Q(i)\times f\times P_m$$

式中 $I(i)$——第 i 年煤层气销售收入，万元；

f——煤层气商品率,%；

P_m——单位煤层气价格，元/m^3。

（2）煤层气补贴收入，计算公式：

$$I_{sub}(i)=Q(i)\times P_{sub}$$

式中 $I_{sub}(i)$——第 i 年煤层气补贴收入，万元；

P_{sub}——单位煤层气补贴价格，元/m^3。

（3）安全效益：煤矿区煤层气的安全效益体现在减少煤矿瓦斯事故和减少煤矿井下安全投入。

$$I_s(i)=I_{s1}(i)+I_{s2}(i)$$

式中 $I_s(i)$——第 i 年煤层气开发安全效益总额，万元；

$I_{s1}(i)$——第 i 年煤层气开发减少瓦斯事故产生的效益，万元；

$I_{s2}(i)$——第 i 年煤层气开发减少煤矿井下安全投入的效益，万元。

① 减少瓦斯事故产生的效益：主要体现在避免了有瓦斯事故造成的人身伤亡支出的费用、善后处理费用和财产损失费用，计算公式如下：

$$I_{s1}(i)=Q(i)\times q_{s1}$$

式中 q_{s1}——开采单位立方米煤层气对减少瓦斯事故产生的效益，元/m^3。

② 减少煤矿井下安全投入效益：矿井安全投入是煤炭开采工程投入的重要组成部分，煤层气开采在提高了瓦斯抽采率的同时，也在一定程度上减少了矿井安全投入，计算公式如下：

$$I_{s2}(i)=Q(i)\times q_{s2}$$

式中 q_{s2}——开采单位立方米煤层气对减少煤矿井下安全投入产生的效益，元/m^3。

4. 内部收益率

内部收益率指项目在经济寿命期内的净现值等于零时的折现率。其表达式：

$$NPV=\sum_{t=0}^{n}\frac{(CI-CO)_t}{(1+IRR)^t}=0$$

式中 IRR——内部收益率，%。

5. 动态投资回收期

动态投资回收期指在考虑资金的时间价值下，以项目的净收益抵偿项目的全部投资所需要的时间。其计算公式为：

$$P_{t'}=T'-1+\frac{U'_{T-1}}{V'_T}$$

式中 $P_{t'}$——投资回收期，年；

T'——累计净现值开始出现正值的年份数，年；

U'_{T-1}——第 $T-1$ 年末累计净现值的绝对值，万元；

V'_T——第 T 年的净现金流的折现值，万元。

3.1.4 典型煤矿区煤层气地面开发工程综合评价

选取沁水盆地的典型区块寺河矿区内 1km×1km 的范围内进行研究，对其适用的开发方式从技术、环境和经济三个方面展开评价。

3.1.4.1 技术评价

1. 技术适应性

针对评价区内煤层气地面开发中 4 种井型的技术适应性情况，将井型的技术适应性分为“非常差”“差”“较差”“一般”“较好”“好”“非常好”7 个等级，分别对应指标参数值为“1-7”。技术适应性为定性指标，通过实地调研和专家咨询，得到 4 种井型在评价区内的适应性见表 3-2。

表 3-2 评价区内四种井型技术适用性比较

技术适用性	非常差	差	较差	一般	较好	好	非常好
垂直井						√	
丛式井				√			
多分支水平井					√		
U 形井					√		

由此可知，4 种井型在评价区内的技术适应性指标值分别为 6、4、5、5。

2. 技术成熟度

与“技术适应性”指标相同，针对评价区内煤层气地面开发中 4 种井型的技术成熟度情况，将井型的技术成熟度分为“非常低”“低”“较低”“一般”“较高”“高”“非常高”7 个等级，分别对应指标参数“1-7”。技术成熟度为定性指标，通过实地调研和专家咨询，得到 4 种井型在评价区内的成熟度见表 3-3。

表 3-3 评价区内四种井型技术成熟度比较

技术成熟度	非常低	低	较低	一般	较高	高	非常高
垂直井						√	
丛式井					√		
多分支水平井				√			
U 形井					√		

由此可知，4 种井型在评价区内的技术成熟度指标值分别为 6、5、4、5。

3.1.4.2 环境评价

煤层气开采工程的碳减排量与产气量相关，计算采用的基础参数值见表 3-4，评价区内 4 种井型碳减排总量见表 3-5。

表 3-4　碳减排量指标基础参数取值表

基础参数	单　位	数　值
煤层气中平均 CH_4 含量	%	93
标准状态下 CH_4 的密度	kg/Nm^3	0.717
CH_4的 CO_2当量	—	21
CO_2中含碳的折算系数	—	0.27

表 3-5　评价区内四种井型煤层气开采碳减排量统计表

项目	单位	垂直井	丛式井	多分支水平井	U 形井
碳减排总量	t	378081.27	302465.02	226848.76	567121.91

3.1.4.3　经济评价

在不考虑产能接替和投资借款的情况下，对 4 种井型的开发方案进行比较，各参数取值如表 3-6 所示。

表 3-6　煤矿区煤层气开发经济评价基础参数设定表

	参　数	单　位	数　值
建设生产	评价期	年	15
投资	递延资产	万元	2%固定资产
	预备费	万元	2%固定资产
	流动资金	万元	5%固定资产
固定资产	折旧年限	年	10
	折旧方法	—	年数总和法
收入	煤层气价格	元/m^3	1.3
	煤层气补贴	元/m^3	0.3
	煤层气商品率	%	96
	折现率	%	12
税率	增值税	%	5
	城市建设维护税	%	7%增值税
	教育税及附加	%	3%增值税
	所得税	%	25
	资源税	%	—

由此可得，煤矿区煤层气开发不同井型经济指标数值，见表 3-7。

表 3-7　评价区内不同井型经济指标对比表

经济指标	单位	垂直井	丛式井	多分支水平井	U 形井
投资	万元	2460.13	1938.46	1744.00	3924.00
生产成本与费用	万元	291.19	239.36	172.19	381.56

续表

经济指标	单位	垂直井	丛式井	多分支水平井	U 形井
净现值	万元	704.63	568.66	-36.27	1592.94
内部收益率	%	16.77	13.18	9.77	14.83
投资回收期	a	7.97	7.94	9.35	7.43

3.1.4.4 综合评价

通过评价分析，垂直井、丛式井、多分支水平井和U形井等4种井型指标特征值，见表3-8。

表3-8 评价区内四种井型综合评价

准则层	子准则层	单位	垂直井	丛式井	多分支水平井	U 形井
技术指标	总产气量	万 m^3	9900	7920	5940	14850
	单位产品能耗	kg/m^3	0.0289	0.0309	0.0237	0.0136
	技术适应性	—	6	4	5	5
	技术成熟度	—	6	5	4	5
环境指标	碳减排量	t	378081.27	302465.02	226848.76	567121.91
	地表生态伤害	m^2	3750	1610	1010	3030
	废水排放量	m^3	1490	1192.68	604.335	1786.755
经济指标	投资	万元	2460.13	1938.46	1744.00	3924.00
	生产成本	万元	291.19	239.36	172.19	381.56
	单位抽采成本	元/m^3	0.44	0.45	0.43	0.39
	净现值	万元	704.63	568.66	-36.27	1592.94
	内部收益率	%	16.77	13.18	9.77	14.83
	投资回收期	年	7.97	7.94	9.35	7.43

通过对评价区内不同井型的技术、环境和经济指标进行比较，可以看出：在地质构造简单、条件适宜的晋城矿区，U形井单位产品能耗较低，为0.0136kg/m^3；丛式井单位产品能耗较高，为0.0309kg/m^3；垂直井和丛式井单位采气成本相对较高，为0.44~0.45元/m^3；U形井单位采气成本相对较低，为0.39元/m^3。

3.2 煤矿区煤层气井下抽采工程评价方法和模型

3.2.1 煤矿区煤层气井下抽采评价范围

在长期的煤矿区煤层气(煤矿瓦斯)井下抽采实践中，先后探索施行了多种抽采技术，依照煤矿瓦斯抽采时间与采掘时间点的关系，可分为采前预抽、边采边抽、以及采后抽采，详细分类及对应关系如图3-1所示。

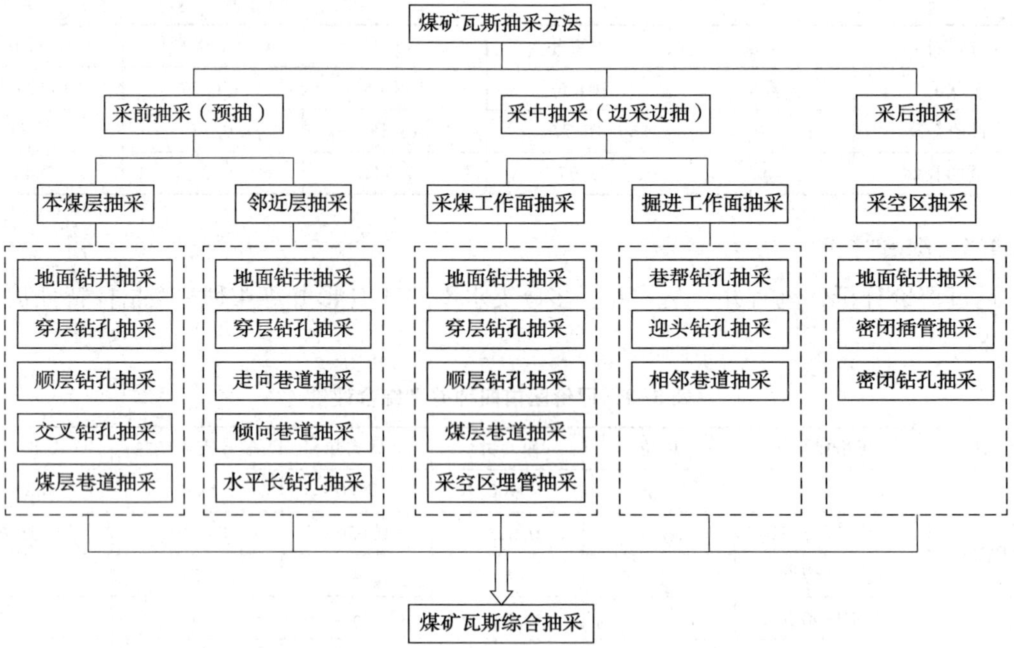

图 3-1　煤层气井下抽采技术示意图

井下瓦斯抽采方法多种多样、各有侧重，但是，在我国的实际开采工作中，特别是在高瓦斯矿井的开采方法和形式的选择上，更应考虑煤层情况、气源、开采工艺等多种因素。每个因素又可细分为多个瓦斯抽采影响因素。因此，在实际瓦斯抽采工作中，应根据煤矿瓦斯赋存情况以及煤炭开采情况等因素，因地制宜地选择适宜的抽采方法。

本文以芦岭煤矿作为煤矿区煤层气井下抽采评价对象，通过实地调研，当前芦岭煤矿常用的井下煤层气开发方式主要有：顶板高位钻孔抽采、本煤层顺层钻孔抽采和底板穿层钻孔抽采等技术。

3.2.1.1　顶板高位钻孔抽采煤层气

近年来，随着工作面推进速度的加快、钻探设备能力和钻探技术水平的提高，许多矿区逐步探索采用顶板高位钻孔进行采空区和邻近层瓦斯的抽采工作。顶板高位钻孔抽采瓦斯的理论基础是卸压抽采，主要抽采受采动影响开采层涌出的瓦斯、采空区瓦斯和上邻近层卸压瓦斯。

1. 钻孔参数和布置形式

1）钻孔参数的选择

开采效果和抽采率受到钻孔直径的直接影响，三者呈现正相关关系，即钻孔直径越大，开采效果越好，抽采率越高。但在设计井深和井径时，必须综合考虑矿区的地层条件、现有抽采设备能力及技术水平。

国内现常用的孔径主要有 ϕ113mm、ϕ133mm、ϕ153mm、ϕ193mm。在实际钻孔参数确定中，可以先采用不同孔径的钻孔进行试抽采，比较其抽采效果，最后再针对当地情况、抽采要求和设备能力挑选最适宜的孔径。针对可打深孔的地层，可适当提高抽采要求，倘若遇到较复杂的地层条件，钻孔成孔性差，根本不符合长钻孔施工的条件，应视实际情况及时调整设计参数，确定更合适的钻孔深度。

2）顶板高位钻孔布置形式

钻孔的各项参数确定后，为取得更好抽采效果，还需依据工作面布置条件和抽采要求进行合理的钻孔布置。

以芦岭矿 II824^{-1}工作面为例，该工作面走向长 630m、倾斜长 180~200m，8 煤层平均厚度为 9.6m，瓦斯含量为 14.5m^3/t，工作面倾角一般 5°~15°，赋存稳定。在该工作面选择超前分段布置上、下顺槽，Ⅱ824^{-1}(1#-切眼)风巷长 105m，在风巷布置两个高位钻场，Ⅰ号高位钻场距切眼 50m，沿工作面走向过Ⅰ号钻场 55m 处布置Ⅱ号高位钻场。两个钻场都分别布置 5 个钻孔，Ⅰ号钻场孔深 66.2~77.3m，Ⅱ号钻场孔深 87.3~96m，钻孔终孔间距都是 10m，具体布置方式如图 3-2 所示。

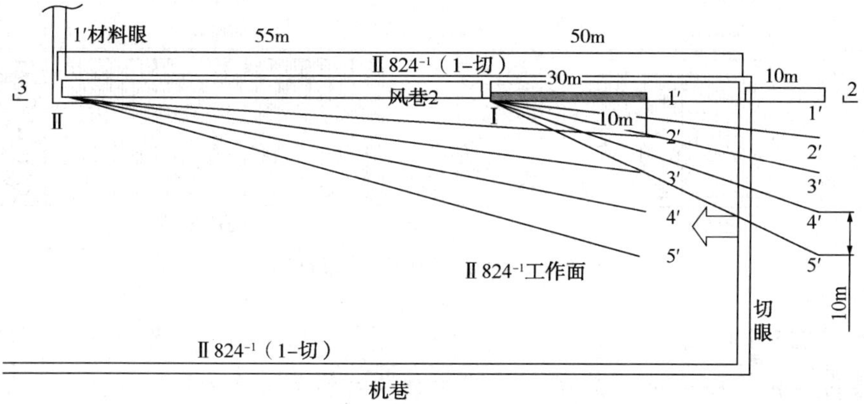

图 3-2　Ⅱ824^{-1}工作面顶板高位钻孔的布置形式

2. 抽采效果及技术特点

(1) 用于抽采裂隙带受采动影响开采层涌出的瓦斯、采空区瓦斯和上邻近层卸压瓦斯，要求顶板的岩石完整，成孔性好。

(2) 顶板高位钻孔抽采技术的主要优点是：钻孔、封孔施工简单，抽采系统安全、可靠、效率高，抽采时间长、浓度高；但该技术也有施工工程量大，所需时间和经济成本颇高等缺点。

3.2.1.2　本煤层顺层钻孔抽采煤层气

从瓦斯防治的角度出发，为了保障煤矿安全生产，尤其对于高瓦斯矿井，通常要在本煤层布置一系列的顺层钻孔。一般是根据该矿瓦斯赋存量和相对涌出量、回采工作面长度确定钻孔布置方式，沿采面回采巷道向本煤层施工上向跟下向钻孔抽采瓦斯。本煤层顺层钻孔由于没有无效进尺，揭露煤层的面积大，成孔速度快，成本低，抽采效果好，所以对于透气性较好的煤层，常被作为首选的预抽本煤层瓦斯的方法。

1. 钻孔参数和布置形式

采用顺层钻孔抽采瓦斯时，不用施工钻场，可直接在回采巷道中开钻。设计钻孔时，根据煤层倾角计算好方位角和长度，在不钻到煤层顶、底板的情况下，尽量达到或超过设计孔深，钻孔深度不少于60m，孔径75mm，孔长为工作面斜长的70%~90%，钻孔与巷道中位线夹角为90°。根据不同区域的危险程度、预抽时间、以及能达到有效抽采半径等综合因素确定钻孔间距，间距以小于5m为宜，封孔长度不少于6m。常见布置形式如图3-3所示。

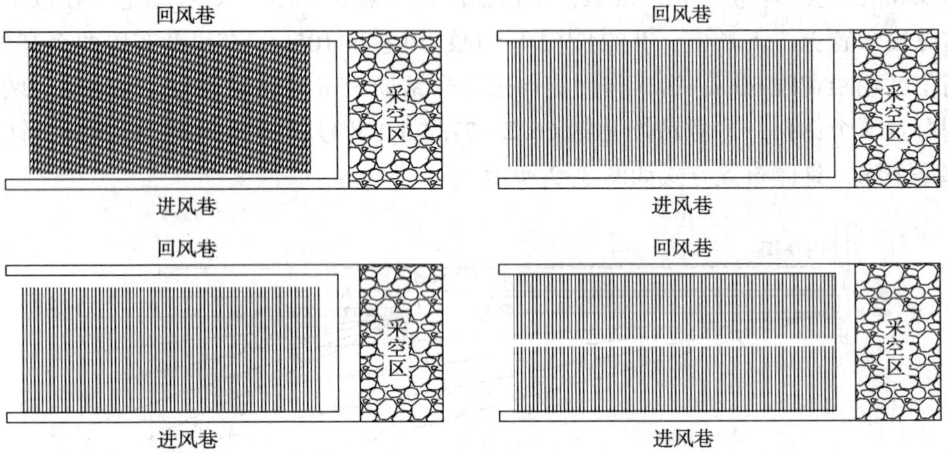

图3-3　本煤层顺层钻孔布置形式

芦岭矿Ⅱ825工作面走向长为435~455m，平均440m，倾斜宽130m，煤层平均厚度8.50m，煤的容重为1.3t/m^3，煤层平均原始瓦斯含量为8.37m^3/t。回采期间，通过本煤层顺层钻孔抽采煤层气，回风巷瓦斯浓度控制在0.36%~0.3%，平均值0.33%左右。上隅角瓦斯基本控制在0.2%~0.6%，平均值0.4%左右，基本消除了回采工作面瓦斯超限现象。

2. 抽采效果及技术分析

（1）本煤层顺层钻孔抽采技术主要用于回采工作面的采前预抽，适用于硬度高、瓦斯含量高、结构完整且煤层透气性较好的中厚煤层。

（2）本煤层顺层钻孔抽采技术的优点：

① 可以提前将采区的准备巷道掘出来，不影响生产，正常接替；

② 钻孔全部为煤孔，有利于瓦斯涌出和抽采；

③ 在掘进瓦斯预抽巷道时，能进一步了解该区域的瓦斯涌出形式、地质构造等，提前制定好保障措施，实现安全生产；

④ 可在一定程度上释放和截抽下一生产水平采区和邻区的煤层瓦斯。

（3）本煤层顺层钻孔抽采技术的缺点：

① 封孔密闭性不严；

② 深孔施工时比较困难，预抽时间较长；

③ 在松软煤层中施工钻孔时，容易出现卡钻跟塌孔。

3.2.1.3 底板穿层钻孔抽采煤层气

底板穿层钻孔是在煤层底板施工中专门的瓦斯抽采巷，通过从该巷道中施工上仰钻孔穿过目标煤层，抽采煤层中的瓦斯，降低其压力，为煤巷掘进和煤层回采提供服务。

1. 钻孔参数和布置形式

在煤层底板施工工艺巷进行穿层钻孔抽采瓦斯时，为便于施工，工艺巷大都布置在待掘进煤巷的下方，距煤巷的最小距离要求大于15m，在工艺巷中，每30~50m布置一个专用钻场，每个钻场的孔数不同，呈放射状排列布置，不仅抽采待掘进巷道部分煤层及其影响范围内的瓦斯，也抽采回采煤层中的瓦斯，确保煤巷掘进和煤层回采时工作面瓦斯的不超限、不突出。

根据煤层的透气性、煤层瓦斯的含量、钻孔间距以及瓦斯压力等确定各钻场的钻孔数量。一般来说，每个钻场的钻孔数量都在10个以上。这类钻孔的深度通常小于100m；而对于缓倾斜煤层，钻孔深度最大可达150m。钻孔直径一般小于100mm。以芦岭矿为例，煤层底板布置II829区段集中巷和区段轨道巷2条岩巷，底板巷布置在距煤层法20~30m位置处，底板巷内每隔20m施工一个底板钻场，钻孔间距7~10m，钻孔控制区段内的煤层控制在整个开采块段及机巷外侧15m范围内。设计排放钻孔40个，布置方式5排8列，钻孔平面投影距12m，控制巷道左侧8.1m、巷道右侧5.1m、下部6.2m，钻孔间距2~3m，孔径ϕ75mm。具体布置形式如图3-4所示。

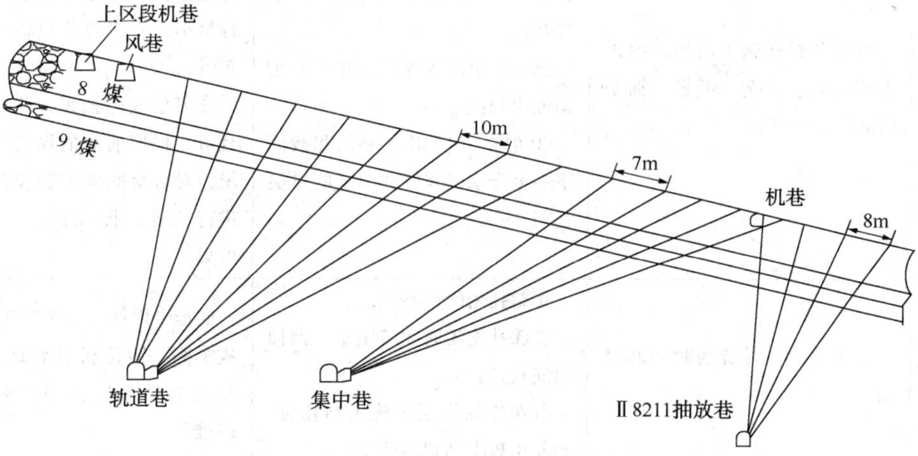

图3-4 Ⅱ829区段底板穿层钻孔布置形式

2. 抽采效果及技术特点

（1）适用于具有强突出危险的软煤层，由于需要在底板巷道设置钻场，一般要求底板巷道具有良好的地层条件。

（2）底板穿层钻孔抽采技术具有以下优点：

① 根据煤层的赋存特点和底板层位关系，可灵活地选择布置抽采巷道，施工煤层气抽采钻孔，具有较强适应性，煤层气抽采钻孔的工程量小，便于布置均匀的钻孔；

② 煤层气的抽采效果较好，而且可以根据前面的煤层气抽采情况，优化后续开采工程的设计和施工，提高煤层气抽采效果；

③ 使用该钻孔技术抽采期长，抽采效果好，能较好地应用于被保护层卸压煤层气抽采的专用巷道，穿层钻孔的设计方法也具有多样性。

（3）底板穿层钻孔抽采技术的缺点：底板专用抽采巷施工工程量大，成本高、钻孔利用率低，穿层钻孔大部分为岩孔段，施工相对困难。

3.2.1.4 三种煤层气井下抽采方式对比分析

经过上述对井下煤层气抽采方式的研究分析，将顶板高位钻孔抽采、本煤层顺层钻孔抽采和底板穿层钻孔抽采进行对比，见表 3-9。

表 3-9 煤层气井下抽采方式比较

开发方式	顶板高位钻孔	本煤层顺层钻孔	底板穿层钻孔
适用条件	用于抽采裂隙带受采动影响开采层涌出的瓦斯、采空区瓦斯和上邻近层卸压瓦斯，要求顶板的岩石完整，成孔性较好	回采工作面的采前预抽，适用于煤层硬度高、瓦斯含量高、结构完整且煤层透气性较好的中厚煤层	用于突出危险性强的松软煤层，由于要在底板巷道设置钻场，一般要求底板巷道的地层条件较好
优点	打钻及封孔施工简便，抽采系统高效、安全、可靠，抽采时间长、浓度高	①可以提前将采区的准备巷道掘出来，不影响生产，正常接替； ②钻孔全部为煤孔，有利于瓦斯涌出和抽采； ③可在一定程度上释放和截抽下一生产水平采区和邻区的煤层瓦斯	①能够机动灵活地选择布置抽采巷道，施工煤层气抽采钻孔，适应性强，煤层气抽采钻孔的工程量小，能够简单地将钻孔均匀布置； ②煤层气的抽采效果较好，而且可以根据前面的煤层气抽采情况，对后续抽采工程设计和施工进行优化，提高煤层气的抽采效果
缺点	工程量大，耗费的时间和经费大	①封孔密闭性不严； ②深孔施工时比较困难，预抽时间较长； ③在松软煤层中施工钻孔时，容易出现卡钻跟塌孔	底板专用抽采巷施工工程量大，成本高、钻孔利用率低，穿层钻孔大部分为岩孔段，施工相对困难

从表 3-9 可看出，在井下实施这三种井下煤层气钻孔抽采技术方案时，存在着各自的优势和劣势，因此，应综合考虑各种因素的影响对井下煤层气开发方式进行选择。

3.2.2 煤矿区煤层气井下抽采工程评价指标体系

建立煤层气井下抽采的三级综合评价指标体系，包含 1 个一级指标（综合指标）、3 个二级指标(技术指标、环境指标、经济指标)，13 个三级指标(煤层瓦斯含量、瓦斯压力、单孔产气量、单位产品能耗、技术适应性、技术成熟度、碳减排效益、风排瓦斯量、投资、成本、净现值、内部收益率、投资回收期)，见表 3-10。

表 3-10 煤层气井下抽采评价指标体系

一级指标	二级指标	三级指标
综合指标(I)	技术指标(A_1)	煤层瓦斯含量(B_{11})
		瓦斯压力(B_{12})
		单孔产气量(B_{13})
		单位产品能耗(B_{14})
		技术适应性(B_{15})
		技术成熟度(B_{16})
	环境指标(A_2)	碳减排量(B_{21})
		风排瓦斯量(B_{22})
	经济指标(A_3)	投资(B_{31})
		成本(B_{32})
		净现值(B_{33})
		内部收益率(B_{34})
		投资回收期(B_{35})

3.2.3 煤矿区煤层气井下抽采工程评价模型

3.2.3.1 技术指标

1. 单孔煤层气产量

本文对煤层气井下抽采工程评价期为 365d，则单孔煤层气产量公式为：

$$Q_d = \frac{Q}{n \times t}$$

式中 Q_d——单孔每天产气量，m^3/d；

Q——煤层气产量，m^3；

t——抽采时间，d；

n——在抽钻孔数，个。

2. 单位产品能耗

单位产品能耗是反映能源消费水平和节能减排水平的指标，其公式为：

$$E_d = \frac{E}{Q}$$

式中 E_d——单位煤层气能耗，kg/m^3；

E——煤层气开发总能耗，t。

3. 煤层瓦斯含量

选用“煤层瓦斯含量”作为三级指标，是因为它是影响煤层气抽采量大小的决定性因素。

4. 瓦斯压力

瓦斯压力直接影响了煤层瓦斯含量及瓦斯抽采的难易程度。

5. 技术适应性

在同一特定地质条件下，不同煤层气井下抽采方式的适应性都不同，这直接影响到其井下抽采方式优选的结果。

6. 技术成熟度

不同煤层气井下抽采方式所处的发展阶段。

3.2.3.2 环境指标

1. 碳减排量

温室效应带来的危害已经成为世界各国的共识，而在对温室效应的贡献上，甲烷的综合温热势是 CO_2 的 21 倍。碳减排量计算方法：

$$I_e(i) = \sum_{i=0}^{n} Q(i) \times \psi_{CH_4} \times \rho \times E_{m-CO_2} \times 10$$

式中 $I_e(i)$——第 i 年煤层气井下抽采碳减排量，t；

$Q(i)$——第 i 年煤层气产量，万 m^3；

ψ_{CH_4}——煤层气中平均甲烷含量，%；

ρ——标准状态下甲烷的密度，kg/m^3；

E_{m-CO_2}——造成同等温室效应下 CH_4的 CO_2当量。

2. 风排瓦斯量

由于风排瓦斯浓度低，利用技术难度大，长期以来我国绝大多数风排瓦斯均未利用，而直接排空，严重污染了大气环境，造成温室效应。风排瓦斯量计算方法：

$$Q_{排} = Q_{风} \times C_{CH_4}$$

式中 $Q_{排}$——风排瓦斯量，m^3/min；

$Q_{风}$——风量，m^3/min；

C_{CH_4}——CH_4浓度，%。

3.2.3.3 经济指标

采用动态分析方法进行煤层气井下抽采经济评价。动态分析方法既可以反映资金的时间价值，又可以反映项目在整个生命周期内收入与支出的全部经济数据，是一种科学、全面的分析方法。动态分析方法的指标主要有净现值、内部收益率、效益费用比和投资回收期。

(1) 投资参照《中国石油天然气股份有限公司建设项目经济评价方法与参数》及税法的相关规定，且本次评价中不考虑借款情况，则煤层气井下抽采投资计算公式：

$$C=C_z+C_{dy}+C_y+C_x$$

式中 C——煤层气投资总额，万元；

C_z——煤层气井下抽采钻孔工程投资总额，万元；

C_{dy}——煤层气井下抽采递延资产，万元；

C_y——煤层气井下抽采预备费，万元；

C_x——煤层气井下抽采流动资金，万元。

(2) 成本。反映所考察技术在进行煤层井下抽采发过程中的资本耗费，包括生产成本、费用和税费三大部分。成本的计算公式如下：

$$F(i)=F_p(i)+F_c(i)+F_t(i)$$

式中 $F(i)$——煤层气井下抽采第 i 年发生的成本与费用总额，万元；

$F_p(i)$——煤层气井下抽采第 i 年生产成本，万元；

$F_c(i)$——煤层气井下抽采第 i 年产生的费用，万元；

$F_t(i)$——煤层气井下抽采第 i 年应交税费，万元。

生产成本主要由操作成本和折旧费组成，操作成本包括材料费、燃料动力费和人员人工费组成，折旧费采用年限总和法。生产成本公式为：

$$F_p(i)=F_d(i)+F_h(i)$$

式中 $F_h(i)$——煤层气井下抽采第 i 年操作成本，万元；

$F_d(i)$——煤层气井下抽采第 i 年折旧费用，万元。

操作成本公式为：

$$F_h(i)=F_m(i)+F_f(i)+F_r(i)$$

式中 $F_m(i)$——煤层气井下抽采第 i 年材料费，万元；

$F_f(i)$——煤层气井下抽采第 i 年燃料动力费，万元；

$F_r(i)$——煤层气井下抽采第 i 年人员人工费，万元。

折旧费计算公式为：

$$F_d(t)=F_{fix}(1-R_{exp})\frac{2(m+1-t)}{(m+1)m}$$

式中 F_{fix}——固定资产总额，万元；

R_{exp}——预计净残值率，%；

m——预计折旧年限，年。

煤层气井下抽采费用包括管理费用、销售费用和地表恢复费用：

$$F_c(i)=F_a(t)+F_s(i)+F_L$$

式中 $F_a(i)$——煤层气井下抽采第 i 年管理费用，万元；

$F_s(i)$——煤层气井下抽采第 i 年销售费用，万元；

F_L——煤层气井下抽采地表恢复费用，万元。

煤层气井下抽采地表生态环境恢复主要考虑钻孔前的孔场平整和钻孔施工对植被的破坏，地表植被恢复费用采用重置成本法计量。地表恢复费用为：

$$F_L = S_p + C_p$$

式中 S_p——植被破坏总面积，m^2；

C_p——每平方米植被恢复费用，万元。

根据财政部和国家税务总局发布《关于加快煤层气抽采有关税收政策问题的通知》，煤层气井下抽采增值税实行先征后退政策，暂不征收资源税，应缴纳的税费包括：所得税、城市维护建设税、教育费及附加。计算公式为：

$$F_t(i) = T_b(i) + T_u(i) + T_e(i)$$

式中 $T_b(i)$——第 i 年应交所得税税额，万元；

$T_u(i)$——第 i 年应交城市维护建设税税额，万元；

$T_e(i)$——第 i 年应交教育费及附加税额，万元。

（3）净现值：动态分析方法应用较多的是净现值法，即 NPV 法，在动态分析中有着广泛的应用，是指在项目经济寿命内，根据指定的基准收益率，将净现金流量现值折算为现值的代数和。其计算公式为：

$$NPV = \sum_{t=0}^{n} (CI - CO)_i (1 + i_0)^{-i}$$

式中 NPV——煤层气评价期内的净现值，万元；

CI——开发煤层气项目现金流入，万元；

CO——开发煤层气项目现金流出，万元；

i_0——基准折现率，%；

i——项目评价期，年；

n——项目计算期，年。

煤层气井下抽采现金流入计算公式如下：

$$CI(i) = I(i) + I_{sub}(i) + I_s(i)$$

式中 $CI(i)$——第 i 年井下抽采煤层气现金流入，万元；

$I(i)$——第 i 年煤层气销售收入，万元；

$I_{sub}(i)$——第 i 年煤层气补贴收入，万元；

$I_s(i)$——第 i 年煤层气井下抽采安全效益，万元。

煤层气井下抽采现金流出计算公式如下：

$$CO(i) = C + F(i) + T(i)$$

式中 $CO(i)$——第 i 年井下抽采煤层气现金流出，万元；

C——煤层气井下抽采投资总额，万元；

$F(i)$——第 i 年煤层气井下抽采过程中发生的成本与费用总额，万元；

$T(i)$——第 i 年应交税费总额，万元。

煤层气销售收入计算公式：

$$I(i)=Q(i)\times f\times P_{m}$$

式中 f——煤层气商品率，%；

P_{m}——单位煤层气价格，元/m^3。

(4) 煤层气补贴收入，计算公式：

$$I_{sub}(i)=Q(i)\times P_{sub}$$

式中 P_{sub}——单位煤层气补贴价格，元/m^3。

(5) 安全效益：体现在减少煤矿瓦斯事故和减少井下安全投入。

$$I_{s}(i)=I_{s1}(i)+I_{s2}(i)$$

式中 $I_{s1}(i)$——第 i 年煤层气井下抽采减少瓦斯事故产生的效益，万元；

$I_{s2}(i)$——第 i 年煤层气井下抽采减少煤矿井下安全投入产生的效益，万元。

① 减少瓦斯事故产生的效益：主要体现在避免了有瓦斯事故造成的人身伤亡支出的费用、善后处理费用和财产损失费用，计算公式如下：

$$I_{s1}(i)=Q(i)\times q_{s1}$$

式中 q_{s1}——抽采单位立方米煤层气对减少瓦斯事故产生的效益，元/m^3。

② 减少煤矿井下安全投入效益：矿井安全投入是煤炭开采工程投入的重要组成部分，煤层气抽采在提高了瓦斯抽采率的同时，也在一定程度上减少了矿井安全投入，计算公式如下：

$$I_{s2}(i)=Q(i)\times q_{s2}$$

式中 q_{s2}——抽采单位立方米煤层气对减少煤矿井下安全投入产生的效益，元/m^3。

(6) 内部收益率：指项目在经济生命期内的净现值等于零时的折现率。其表达式：

$$\sum_{t=0}^{n}\frac{(CI-CO)_{t}}{(1+IRR)^{t}}=0$$

式中 IRR——内部收益率，%。

(7) 动态投资回收期：指在考虑资金的时间价值下，以项目的净收益抵偿项目的全部投资所需要的时间。其计算公式为：

$$P_{t'}=T'-1+\frac{U'_{T-1}}{V'_{T}}$$

式中 T'——累计净现值开始出现正值的年份数，年；

U'_{T-1}——第 $T-1$ 年末累计净现值的绝对值，万元；

V'_{T}——第 T 年的净现金流的折现值，万元。

3.2.4 典型煤矿区煤层气井下抽采工程综合评价

3.2.4.1 技术评价

1. 产气量

选取芦岭矿 8 煤层为评价区，评价期为 365 天，通过现场调研，评价区内不同抽采方式煤层气产气量见表 3-11。

表 3-11 评价区内煤层气井下抽采产气量

指　标	单位	底板穿层钻孔抽采	顶板高位钻孔抽采	本煤层顺层钻孔抽采
平均在抽孔数	个	4673	6	55
单孔日产气量	m^3	10.24	283.51	280.72
年产气量	万 m^3	1722.65	62.09	546.80

2. 单位产品能耗

煤层气井下抽采能耗取决于煤层气抽采工艺，具体表现在设备型号的选择和施工时间。目前矿井用于瓦斯治理的钻机以 ZDY6500L、ZDY4000L、ZDY3500S 和 ZDY3200S 钻机为主，现有 ZDY6500L 及 ZDY4000L 履带钻机 8 台，使用 6 台，主要用于施工底板穿层、冲煤卸压钻孔；现有 ZDY3200S 和 ZDY3500S 钻机 17 台，使用 17 台，主要用于施工冲煤卸压钻孔、本煤层顺层钻孔、高位钻孔、排放钻孔、探放水钻孔和地质探查钻孔；现有 ZDY1200S 型钻机 2 台。见表 3-12。

表 3-12 芦岭矿煤层气井下抽采钻机型号与数量

型　号	在籍/台	使用/台	备用/台	待修/台
ZDY1200S	2	0	1	1
ZDY3200S	13	13	0	0
ZDY3500S	4	4	0	0
ZDY4000L	2	2	0	0
ZDY6500L	6	4	0	2

不同抽采方式典型工艺设备选择及能源消耗情况见表 3-13。柴油主要用于钻孔柴油机及施工车辆，移动泵站、水环式真空泵、注浆泵用电来自工业电网。

表 3-13 评价区内煤层气井下抽采能源消耗情况

开发方式	主要耗能设备名称		型号	总设备数量/台	耗能类型	单孔耗油量/t	总耗油量/t	单机功率/kW	总工作时长/h	总耗电量/kW·h	总能源消耗量/t
顶板高位钻孔	钻孔	钻机	ZDY4000L	2							2857.00
		柴油机	A7V78MA	6	柴油	60	600				
		泵站	YBK2-225S-4	6	电力			37	1408	3201792	
	封孔	便携式注浆泵	QB152	6	电力			2089	16	200544	
	抽放	水环式真空泵	2BEY-72 型	1	电力			1000	8760	8760000	

续表

开发方式	主要耗能设备名称		型号	总设备数量/台	耗能类型	单孔耗油量/t	总耗油量/t	单机功率/kW	总工作时长/h	总耗电量/kW·h	总能源消耗量/t
本煤层顺层钻孔	钻孔	钻机	ZDY3200S	13							2449.03
		柴油机	6135AZD-1	6	柴油	64	512				
		泵站	F500	6	电力			379	1408	3201792	
	封孔	便携式注浆泵	QB152	6	电力			2089	16	200544	
	抽放	移动泵站	2BE1353-0BD3	8	电力			110	8760	973600	
底板穿层钻孔	钻孔	钻机	ZDY400L	2							1406.69
		柴油机	A7V78MA	2	柴油	640	1280				
		泵站	YBK2-2258-4	3	电力			37	560	1975680	
	封孔	便携式注浆泵	QB152	6	电力			2089	8	100272	
	抽放	水环式真空泵	2BEY-7 型	1	电力			1000	8760	8760000	

3. 技术适应性

针对评价区内煤层气井下抽采方式的技术适应性情况，划分为“非常差”“差”“较差”“一般”“较好”“好”“非常好”7 个等级，分别对应指标参数值为“1～7”。通过实地调研和专家咨询，三种抽采方式在评价区内的适应性量化表征见表 3-14。

表 3-14　评价区内三种开发方式技术适用性比较

技术适用性	非常差	差	较差	一般	较好	好	非常好
底板穿层钻孔				√			
顶板高位钻孔						√	
本煤层顺层钻孔					√		

由此可知，三种抽采方式在评价区内的技术适应性指标值分别为 4、6、5。

4. 技术成熟度

与“技术适应性”指标相同，针对评价区内煤层气井下抽采方式的技术成熟度情况，划分为“非常低”“低”“较低”“一般”“较高”“高”“非常高”7 个等级，分别对应指标参数“1～7”。通过实地调研和专家咨询，三种抽采方式在评价区内的成熟度量化见表 3-15。

表 3-15　评价区内三种开发方式技术成熟度比较

技术成熟度	非常低	低	较低	一般	较高	高	非常高
底板穿层钻孔						√	
顶板高位钻孔						√	
本煤层顺层钻孔						√	

由此可知，三种抽采方式在评价区内的技术成熟度指标值均为6。

5. 煤层瓦斯含量

底板穿层钻孔和本煤层顺层钻孔都是预抽本煤层瓦斯，瓦斯含量可取煤层原始瓦斯含量。顶板高位钻孔抽采的是卸压瓦斯，瓦斯含量不好取值，可根据调研情况取值。对8煤层采用不同抽采方式的煤层进行取样调查，瓦斯含量见表3-16。

表3-16 瓦斯含量

技　术	取 样 点	瓦斯含量/(m^3/t)
底板穿层钻孔	Ⅱ827岩石集中巷	10.35
顶板高位钻孔	8810工作面	9.15
本煤层顺层钻孔	Ⅱ825-1	10.1

6. 瓦斯压力

底板穿层钻孔和本煤层顺层钻孔都是预抽本煤层瓦斯，瓦斯压力可取煤层原始瓦斯压力。顶板高位钻孔抽采的是卸压瓦斯，瓦斯压力应近似为0。对8煤层采用不同抽采方式的地点进行取样调查，瓦斯压力见表3-17。

表3-17 瓦斯压力

技　术	取 样 点	瓦斯压力/MPa
底板穿层钻孔	Ⅱ827岩石集中巷	3.5
顶板高位钻孔	8810工作面	0
本煤层顺层钻孔	Ⅱ825-1	2.56

3.2.4.2 环境评价

煤层气抽采工程的碳减排量与产气量相关，根据模型进行计算，评价区内三种抽采方式碳减排总量见表3-18。

表3-18 评价区内三种开发方式煤层气开采碳减排量统计表

项　目	单位	底板穿层钻孔	顶板高位钻孔	本煤层顺层钻孔
年度碳减排总量	t	14.13	391.24	387.39

3.2.4.3 经济评价

在不考虑产能接替和投资借款的情况下，对三种井下抽采方式进行经济指标对比评价，见表3-19。

表3-19 评价区内不同井下抽采方式经济指标对比

经济指标	单　位	底板穿层钻孔	顶板高位钻孔	本煤层顺层钻孔
投资	万元	2460.13	1938.46	1744.00
成本	万元	5435.24	4285.96	2587.85

续表

经济指标	单　位	底板穿层钻孔	顶板高位钻孔	本煤层顺层钻孔
净现值	万元	751.81	687.67	610.46
内部收益率	%	13.92	14.59	15.00
投资回收期	年	7.64	7.46	7.15

3.2.4.4 综合评价

通过对底板穿层钻孔、顶板高位钻孔、本煤层顺层钻孔三种井下抽采方式的技术、环境、经济分析，汇总三种井下抽采方式指标评价值见表3-20。

表3-20 井下抽采方式综合评价

准则层	子准则层	单位	底板穿层钻孔	顶板高位钻孔	本煤层顺层钻孔
技术指标	煤层瓦斯含量	m^3/t	10.25	9.15	10.1
	瓦斯压力	MPa	3.5	0	2.56
	单孔日产气量	m^3	10.24	283.51	280.72
	单位产品能耗	kg/m^3	0.3841	0.3236	0.1892
	技术适应性	—	4	6	5
	技术成熟度	—	6	6	6
环境指标	碳减排量	t	14.13	391.24	387.39
	风排瓦斯量	m^3/min	3.5	3.39	5.46
经济指标	投资	万元	2460.13	1938.46	1744.00
	成本	万元	5435.24	4285.96	2587.85
	净现值	万元	751.81	687.67	610.46
	内部收益率	%	13.92	14.59	15.00
	投资回收期	年	7.64	7.46	7.15

通过对芦岭矿评价区内不同井下抽采技术的技术、环境和经济指标进行分析比较，可以看出：从技术适用性而言，由于芦岭矿煤层松软、透气性差，所以穿层、顺层孔的预抽采效果都不太好，顶板钻孔的效果较好；从技术成熟度而言，三种井下抽采方式成熟度大致相同。经对比可得，该评价区内顶板高位钻孔方案为最优开发方式，其次依次是本煤层顺层钻孔和底板穿层钻孔。对于芦岭矿煤层透气性差，底板穿层钻孔产气量低、能耗高，瓦斯抽采工程量大、成本高、钻孔利用率低，给煤矿带来沉重的经济负担，且预抽后煤层留有抽采盲区，给工作面安全开采带来极大的威胁。本煤层顺层钻孔在松软煤层中施工钻孔时，容易出现卡钻跟塌孔，技术适应性较差；顶板高位钻孔抽采投资和成本高。因此各开发方式均有较大优化提升空间。

3.3 煤矿区煤层气集输工程评价方法和模型

3.3.1 煤矿区煤层气集输评价范围

我国煤层气开发包括地面开发和井下抽采两种。地面开发的煤层气浓度超过90%，经加压处理后可进入天然气管网，井下抽采的煤层气浓度较低，需经过脱水、脱硫、提纯等工艺，使浓度达到95%左右后接入管网。但煤层气提纯成本较高，因此一般只将地面井抽采煤层气接入天然气管道系统，井下抽采的煤层气通过当地的煤层气管网供给用户使用。地面抽采的高浓度煤层气集输方式主要有管道储运(PNG)、压缩储运(CNG)、液化储运(LNG)，对于井下抽采的有爆炸危险性的低浓度煤层气采用细水雾混合输送或气水二相流输送工艺。

3.3.1.1 高浓度煤层气集输

高浓度煤层气地面集输系统主要包括采气井场、集气管网、集气站和集中处理增压站4个部分，主要完成煤层气的集气、净化、分离、调压、外输等集输工艺。主要流程为：煤层气从井口抽出，经过气水分离器对煤层气进行简单分离计量进入集气站，经过分离器分离进入压缩机组、气涤器、脱水塔等，再经计量后通过集气管线进入处理厂，进行分离、增压和计量，进入外输管道；各处理阶段产生的水经水泵输送至水槽，进入水处理系统，如图3-5所示。

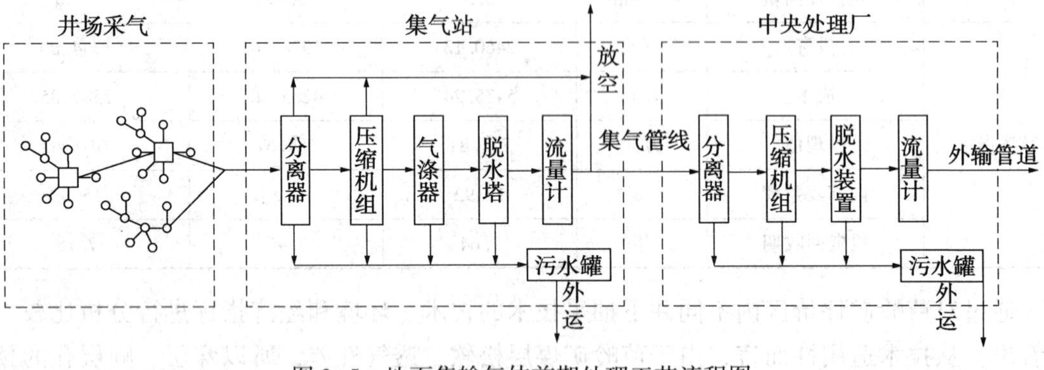

图3-5 地面集输气体前期处理工艺流程图

煤层气井场采气后的集输工程气体前期处理工艺技术主要包括防止水合物形成、低压集气、串接工艺技术；集气站和中央处理厂工艺主要包括站场建设、增压和脱水工艺技术等。

煤层气和水在一定温度和压力下，会形成冰雪状晶体。为了防止水合物的形成，可采用脱水法、加热法、节流降压法和注入抑制剂法，消除水合物形成的物质基础和物理条件。一般井口煤层气在0.2~0.5MPa工况下输送时，水合物理论形成温度低为-54.2~-38.5℃，不会形成水合物，但集气支干线在增压至2.0MPa以上输送时，则需要采取防止水合物形成的措施。

低压集气工艺主要有增压集输和负压集输两种。增压集输是对低压气直接增压而提高压力，主要方式为压缩机增压和引射器增压两种。负压集气是指使用真空泵、鼓风机或螺杆压缩机等使井口压力降至负值，从而实现负压采气。总体来说，增压集输工艺设备简单，但压缩机能耗高，引射器效率低，负压集输采收率高，但工艺复杂。

煤层气田常见的串接工艺主要有单井串接直接进站和单井串接+阀组进站等方式。单井串接直接进站是通过单井采气支线把相邻几口气井采出的煤层气串接到采气干线汇集进入集气站，主要有井间串接和就近插入两种形式，在沁水盆地樊庄区块应用较多。单井串接+阀组进站方式是将相邻的气井串接至附近阀组，离集气站远端阀组通过采气支线串接至离站较近阀组，再经采气干线串接进站，在沁水盆地郑庄区块应用较多。

集气站场建设主要包括进站单元、分离单元、增压单元、二次分离单元、污水处理单元、外输计量单元和放空火炬单元等。其中，分离单元分离出煤层气中的游离水及可能含有的固体杂质和煤粉；增压单元的压缩机主要有往复式压缩机和螺杆式压缩机，台数是由集气站规模确定，机组采用整体撬装结构；二次分离单元采用撬装结构，采用过滤分离器，分离出析出的部分饱和水和润滑油；污水处理单元用于处理煤层气中分离出来的游离水。

1. 管道输送(PNG)

管道输送是指在煤层气气源地和目标市场间建设输气管道，将煤层气通过管网运输到目标市场的输送方式。管道输送系统由输气站场、线路工程、通信工程和监控系统四个基本部分组成，输气站场包括首站、末站和中间站(压气站、分输站、清管站等)，线路工程包括管线、穿越工程、截断阀室、管道标志及水工保护设施等，总流程图如图 3-6 所示。

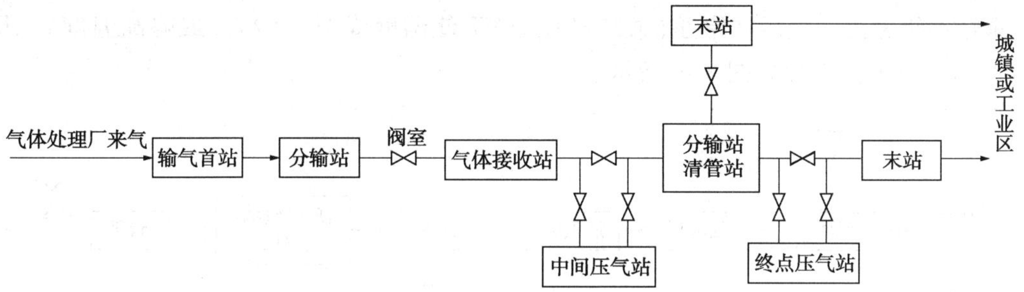

图 3-6 地面集输管道输送流程图

2. 压缩储运(CNG)

压缩煤层气站原料气一般是经过处理后符合《天然气》(GB 17820—2012)质量要求的煤层气，按供气目的将 CNG 站分为加压站、供气站和加气站。CNG 站一般应用撬装式组合调压柜对进站煤层气进行调压计量，并脱除不符合 CNG 质量要求的 H_2S、CO_2、氮、氧和水蒸气等，以及必要时的加湿等。根据进站压力不同，一般设置 2~4 级往复式压缩机组进行增压，并采用不同的储气调度制度提高储气设备的容积利用率，再通过加气柱加气，工艺流程如图 3-7 所示。

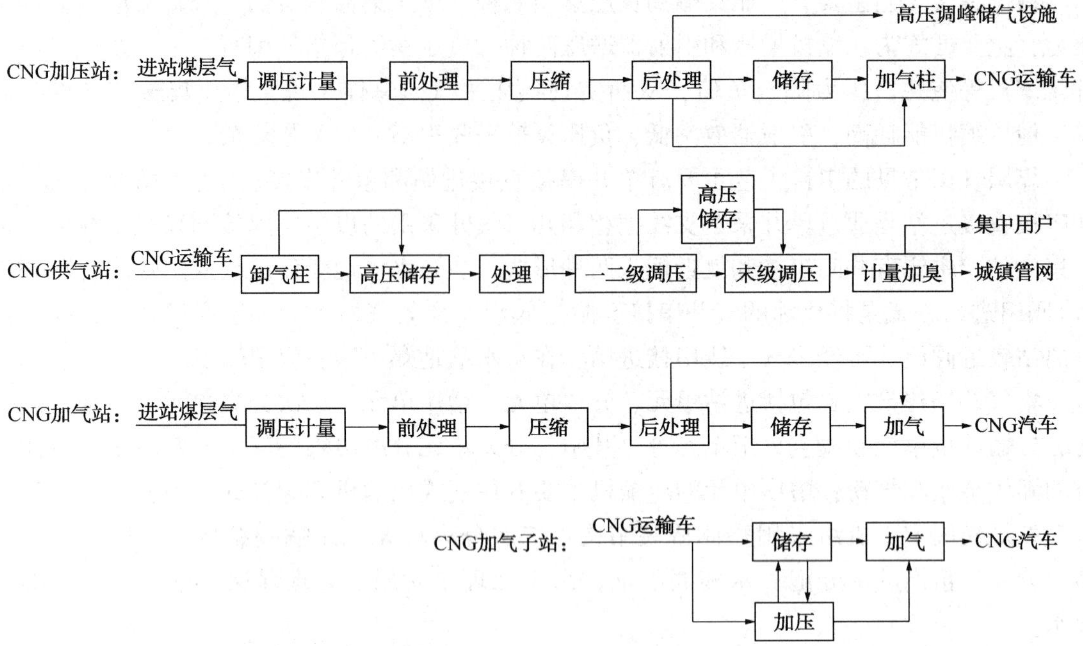

图 3-7 CNG 储运工艺流程图

3. 液化储运(LNG)

液化煤层气站的原料气一般是经过处理后符合《天然气》(GB 17820—2012)质量要求的煤层气，生产过程一般包括原料气与处理、液化和储存三部分。原料气进过预处理，脱除酸性气体、水蒸气、重烃及汞等不利于液化的组分，再进入高效换热器不断降温液化，并将重烃逐级分出，最后在常压(或略高压力)下使温度降至-162℃(或略高温度)，得到 LNG 产品。总工艺流程如图 3-8 所示。

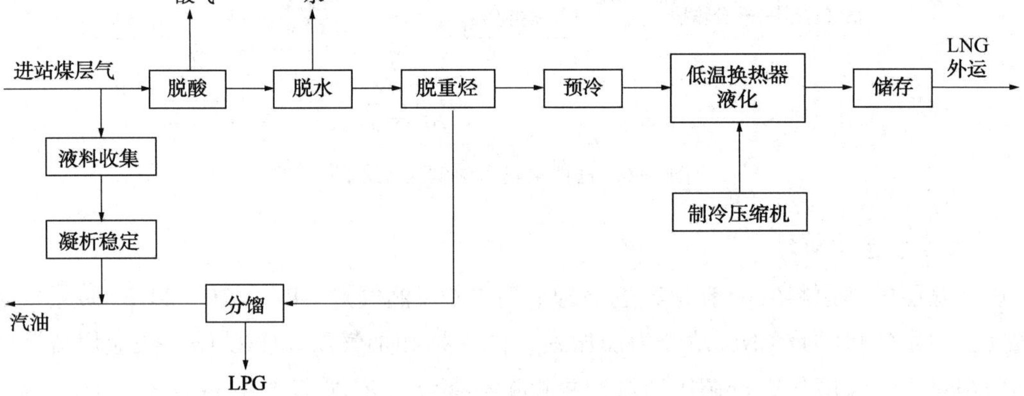

图 3-8 LNG 储运工艺流程图

3.3.1.2 低浓度煤层气集输

针对甲烷浓度在6%~25%的低浓度煤层气，目前有细水雾和气水二相流两种比较成熟的低浓度煤层气安全输送技术。

1. 低浓度煤层气细水雾混合输送技术

细水雾输送系统是指主要以细水雾作为防止煤层气管道产生火源或抑制火焰传播的煤矿低浓度煤层气输送系统。该系统对处于危险浓度的煤层气采用细水雾与低浓度煤层气全程混合输送方法，并通过计算机自动控制，解决了安全输送与利用的问题，已通过工业型煤矿低浓度煤层气本质防爆安全性试验。可在浓度为7%~16%，煤层气压力为0.01MPa，细水雾水源压力为1MPa条件下安全运行。具体工艺流程如图3-9所示。

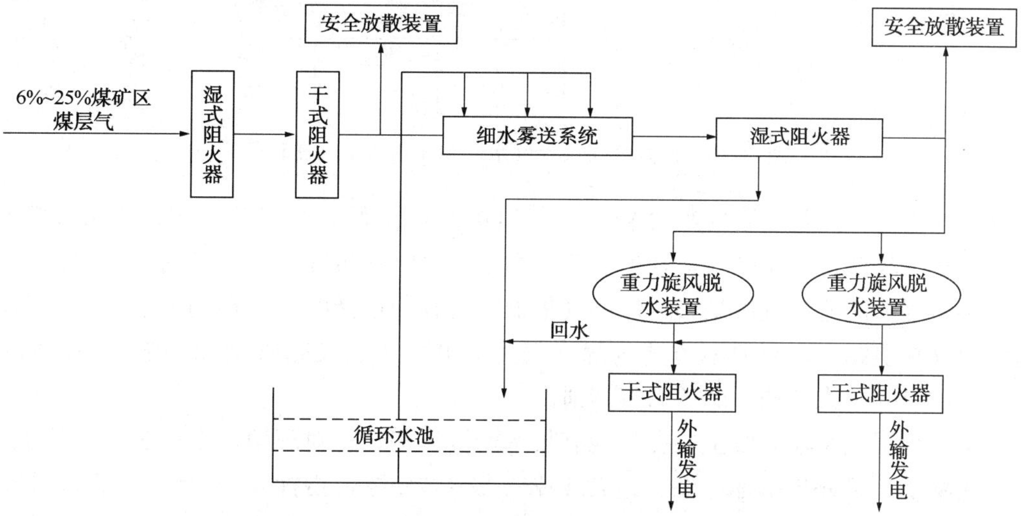

图3-9 低浓度煤层气细水雾输送工艺流程图

2. 低浓度煤层气气水二相流安全输送技术

低浓度煤层气气水二相流安全输送系统主要用于正压管网输送低浓度瓦斯。该系统在低浓度瓦斯输送管网中，采用水流在输送管道内附壁流动，瓦斯气流在附壁环形水流腔内流动，沿流动方向产生间歇性柱塞水团，把管路内附壁环形水流腔中流动的瓦斯气流分割成段，实现了低浓度瓦斯安全型输送。系统输送的低浓度瓦斯在进入利用设施前，经防爆阻火式气水分离器进行气水分离，分离后的水，流回水泵供水池循环使用，脱水后的瓦斯气源可直接供低浓度瓦斯发电机组发电等综合利用。该技术系统由水封式稳压放散装置、柱流装置、环流装置、防爆阻火式气水分离器、双向阻火装置及气水二相流输送管路构成。具体工艺流程如图3-10所示。

3.3.2 煤矿区煤层气集输工程评价指标体系

煤层气浓度决定了煤层气的集输方式，对于中高浓度煤层气（甲烷浓度≥30%）采用地面集输工艺，对于低浓度煤层气（6%≤甲烷浓度<30%）采用细水雾和气水二相流集输工

艺。集输工艺决定了集输技术的安全性、可靠性、适用性以及管网建设投资、辅助生产、井场设施、集气站设施、中央处理厂设施等费用。且由于煤层气井是采用排水采气的方式进行生产必须为井口提供电源来满足抽油机的运行。

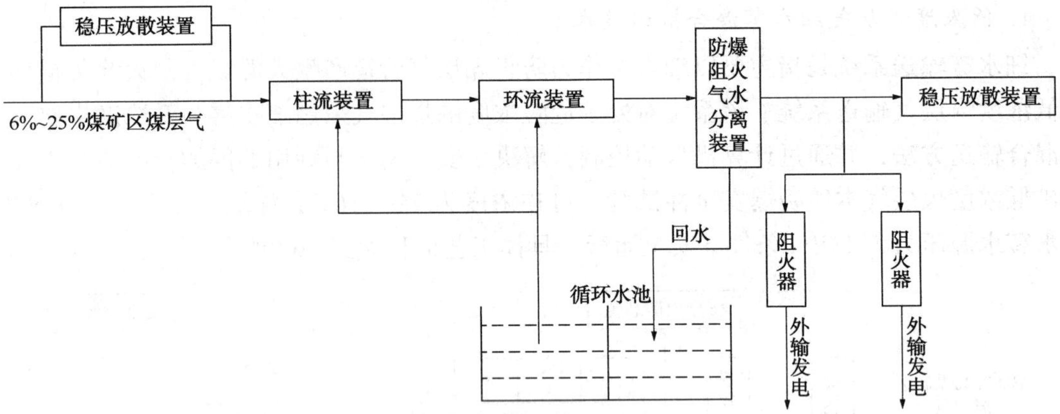

图 3-10　低浓度煤层气气水二相流输送工艺流程图

煤层气田的特点是煤层气组分较纯，气田单井产量低，井网分布密集且井口数量众多，井口压力较低，需建设大量管道，管网和集气站间的布置方式是管网长度的主要影响因素。煤层气的流速和流量是影响煤层气集输管道管径选择的关键影响因素。煤层气在集输过程中存在泄漏，主要泄漏方式为煤层气生产井井喷、集输管网和外输管网的管道泄漏、集输站点和中央处理厂的压力容器泄漏。

煤矿区煤层气集输阶段主要探讨现有技术的资源消耗、对环境产生的影响、投资和成本等，建立了三级评价指标体系，包含 1 个一级指标(综合指标)，3 个二级指标(技术指标、环境指标、经济指标)，13 个三级指标(集输规模、单位集输能耗、技术适应性、技术成熟度、废水排放量、大气污染物排放量、固废产生量、噪声、投资、成本、净现值、内部收益率、投资回收期)。建立的煤矿区煤层气集输评价指标体系见表 3-21。

表 3-21　煤矿区煤层气集输评价指标体系

一级指标	二级指标	三级指标
综合指标(I)	技术指标(A_1)	集输规模(B_{11})
		单位集输能耗(B_{12})
		技术适应性(B_{13})
		技术成熟度(B_{14})
	环境指标(A_2)	废水排放量(B_{21})
		大气污染物排放量(B_{22})
		固废产生量(B_{23})
		噪声(B_{24})
	经济指标(A_3)	投资(B_{31})
		成本(B_{32})
		净现值(B_{33})
		内部收益率(B_{34})
		投资回收期(B_{35})

3.3.3 煤矿区煤层气集输工程评价模型

3.3.3.1 技术指标

1. 集输规模

本次煤层气集输工程评价周期为 15 年，年集输天数为 330 天，则煤层气集输规模公式为：

$$C=C_{d}\times330\times15/10000$$

式中 C——煤层气集输总量，万 m^3；

C_d——煤层气日集输量，m^3。

2. 单位集输量能耗

$$E=\frac{E_{总}\times1000}{Q\times10000}$$

式中 E——单位煤层气集输能耗，kg/m^3；

$E_{总}$——煤层气集输总耗能，t。

3. 能量效率

从系统中输出有用能量与所有输入系统能量之比的百分数,%。

$$\eta_{t}=\frac{\sum Q'_{i出}}{\sum Q_{i入}}=\frac{Q'_{1}+Q'_{2}+\cdots+Q'_{n}}{Q_{1}+Q_{2}+\cdots+Q_{n}}\times100\%$$

式中 $Q'_{i出}$——各种输出有用能量，GJ；

$Q_{i入}$——各种输入能量，GJ。

4. 技术适应性

反映所考察集输技术的适应能力，煤层气地面集输问题较为复杂，其集输形式主要与气田地形地貌、井位布置、集输半径、集输站规模以及所在地区的交通、环境等因素有关。集输方案对地形、井场分布等以上条件的技术适应性对集输工程的技术经济性产生较大影响。

5. 技术成熟度

反映所考察集输技术当前的发展阶段，分为研发中、工业性示范、商业化示范和推广应用四个阶段。

3.3.3.2 环境指标

煤层气管道集输，一般途经荒地、农田、旱地和道路等，与项目相关的环境污染问题较小，具体施工工艺及产污环节如图 3-11 所示。

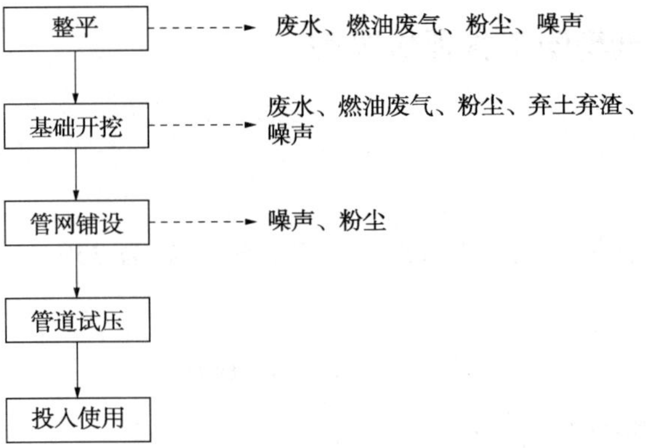

图 3-11　煤层气管道集输工程施工工艺及产污环节示意图

1. 废水排放量

施工期废水主要来源于施工废水和施工人员生活污水。计算公式为：

$$W=W_c+W_l$$

式中　W——施工期废水排放总量，m^3；

W_c——施工废水排放量，m^3；

W_l——施工期生活污水排放量，m^3。

施工期废水来源于运输车辆和施工机械冲洗废水，主要污染物为 SS 浓度值约 1500mg/L，其次为少量石油类浓度约 8mg/L。计算公式为：

$$W_c=W_{ca}\times330\times15$$

式中　W_{ca}——每天车辆设备的冲洗废水量，m^3。

施工期的施工人员生活污水主要污染物浓度 COD550mg/L，BODs350mg/L，SS450mg/L，NH_3-N 45mg/L，动植物油 150mg/L。计算公式为：

$$W_l=W_{la}\times e\times N\times330\times15$$

式中　W_{la}——每人每天用水量，m^3；

e——产污系数；

N——施工人员人数，人。

施工期间施工人员全部就近租用民房，生活污水及有污水处理设施处理后用作农肥。

2. 大气污染物排放量

施工期大气环境污染主要包括废气和粉尘两类。

（1）废气：各类燃油动力机械在场地平整、土石方挖填、运输等施工过程中，排放一定量的 CO、NO_x 等污染物，施工期间是间断性排放。

（2）粉尘：施工期由于地表状况改变，场地裸露，有风的情况下将产生扬尘，运输车辆以及局部气流扰动，会产生二次扬尘。主要表现为开挖及运输车辆装卸材料和行驶时产生的扬尘。

3. 固废产生量

施工期间固体废弃物产生主要包括生活垃圾和工程土石方两类。

现场作业的施工人员将产生一定量的生活垃圾，生活垃圾一般定点收集，交由市政环卫部门统一处置。工程土石方集中堆放，开挖产生的土石方一般会妥善堆放，待管道敷设后就地回填，对环境影响较小。

4. 噪声

施工期间使用机械主要包括推土机、挖掘机、载重汽车等，参照《环境噪声与振动控制工程技术导则》(HJ 2034—2013)，确定设备噪声源强。

研究中参考了部分国内新近完成的煤层气集输工程建设项目环境影响报告。煤层气集输工程主要排放污染物为施工期生活污水，排放总量主要与人均污水产生量、施工人数和施工工期有关。以20人施工规模为依据，其他建设规模环境影响各项指标公式如下，施工期间噪声产生监测情况和主要污染及排放情况见表3-22和表3-23。

表3-22 施工期间噪声产生监测情况表

<table>
<tr><th>声源类型</th><th>噪声源</th><th>测点距离/m</th><th>A声级</th></tr>
<tr><td rowspan="3">固定声源</td><td>液压挖掘机</td><td>5</td><td>82~90</td></tr>
<tr><td>推土机</td><td>5</td><td>83~88</td></tr>
<tr><td>移动式发电机</td><td>5</td><td>95~102</td></tr>
<tr><td>移动生源</td><td>重型运输车</td><td>5</td><td>82~90</td></tr>
</table>

表3-23 主要污染物及排放情况表(施工规模20人)

<table>
<tr><th>内容类型</th><th>排放源</th><th colspan="2">污染物名称</th><th>浓度</th><th>产生量</th></tr>
<tr><td rowspan="2">大气污染物</td><td rowspan="2">施工场地</td><td colspan="2">施工扬尘(颗粒物)</td><td>无组织排放</td><td>少量</td></tr>
<tr><td colspan="2">机械尾气(NO_x、CO)</td><td>无组织排放</td><td>少量</td></tr>
<tr><td rowspan="2">水污染物</td><td rowspan="2">施工场地
(施工期)</td><td>施工废水</td><td>污水量
COD
石油类</td><td colspan="2">经沉淀/隔油处理后回用，不外排</td></tr>
<tr><td>生活污水(20人)</td><td>污水量
COD
BOD_5
SS
NH_3-N</td><td>—
60mg/L
20mg/L
20mg/L
15mg/L</td><td>1. 8m^3/d
0. 11kg/d
0. 04kg/d
0. 04kg/d
0. 03kg/d</td></tr>
<tr><td rowspan="2">固体废弃物</td><td rowspan="2">施工场地
(施工期)</td><td colspan="2">生活垃圾</td><td colspan="2">交给环卫部门统一处理</td></tr>
<tr><td colspan="2">工程土石方</td><td colspan="2">施工作业带内自行平衡</td></tr>
<tr><td>噪声</td><td colspan="5">施工机械噪声声源强约为80~102dB(A)</td></tr>
</table>

$$W=\frac{P}{20}\times W_0\times T_{cp}$$

式中 W——污染物排放总量，kg；

W_0——施工规模为 20 人时，日均污染物排放量，kg；

P——施工人数，人；

T_{cp}——施工周期，天。

3.3.3.3 经济指标

1. 投资

煤层气地面集输系统建设项目总投资由建设投资、建设期贷款利息、铺底流动资金和固定资产投资方向调节税组成，建设投资由工程费用、工程建设其他费用和预备费组成，工程费用包括设备购置费、安装工程费和建筑工程费。采气集输系统工程费用包括单井与区内主干管网连接、单井抽排采气设备、单井集气计量、分离设备及产水设施等费用。水处理系统工程费用是指排采出的地下水要经过处理达到环境保护标准后才能排放的费用。

对于无法直接获得技术装备价格的情况，根据已建成的、性质类似项目的生产能力和投资额与拟建项目的生产能力来估算拟建项目投资额，计算公式如下：

$$T=T_0\times\left(\frac{X_2}{X_1}\right)^n\times CF$$

式中 T——投资额，万元；

T_0——基准投资额，万元；

n——生产能力指数，$0\leqslant n\leqslant 1$；

CF——新老项目建设间隔期内价格、费用变更等综合调整系数。

2. 成本

反映所考察技术在进行煤层气集输过程中的资本耗费，包括操作成本、管理费用、营业费用和财务费用。可通过已建类似项目财务统计数据或市场行情数据综合测算和预测确定。

3. 净现值

$$NPV=\sum_{t=0}^{n}\frac{(CI-CO)_t}{(1+i_c)^t}=0$$

式中 NPV——净现值，万元；

$(CI-CO)_t$——第 t 年的现金净流量，万元；

i_c——基准折现率，按 12%考虑；

n——项目计算期，按项目运行 15 年计算。

4. 内部收益率

$$\sum_{t=0}^{n}(CI-CO)_t(1+IRR)^{-t}=0$$

式中 IRR——内部收益率；

$(CI-CO)_t$——第 t 年的现金净流量，万元。

5. 投资回收期

$$P'_t=T'-1+\frac{U'_{T-1}}{V'_T}$$

式中 T'——累计净现值开始出现正值的年份数，年；

U'_{T-1}——第 $T-1$ 年末累计净现值的绝对值，万元；

V'_T——第 T 年的净现金流的折现值，万元。

3.3.4 典型煤矿区煤层气集输工程综合评价

煤矿区煤层气集输方式主要有管道集输(PNG)、压缩集输(CNG)、液化集输(LNG)、水合物(NGH)和变压吸附集输(ANG)等。NGH 和 AHG 集输技术属于新兴技术，尚处于实验阶段、未产业化。本文重点介绍 PNG、CNG、LNG 集输。

管道输送是煤矿区煤层气不可或缺的运输方式，指在煤层气气源地和目标市场间建设管道，将煤层气通过管网运输到目标市场。管道集输又包括自建管道集输和付费管道集输两种情形。对我国而言，许多中小城市没有天然气管道覆盖，CNG 和 LNG 等运输形式也将在较长时间内存在。

3.3.4.1 付费管道集输

根据《国家发展改革委关于调整天然气跨省管道运输价格的通知》文件，自 2019 年 4 月 1 日起，调整中石油北京天然气管道有限公司等 13 家跨省管道运输企业管道运输价格，见表 3-24。

表 3-24 天然气跨省管道运输价格表

企业名称	经营的主要管道	主干管道管径	管道运输价格	
		mm	元/km³·km	元/m³
中国石油北京天然气	包括陕京系统(陕西靖边、榆林—北京等	1219/1016	0.2805	
中国石油管道联合有限公司	包括西一线西段(新疆轮南—宁夏中卫)，西二线西段(新疆霍尔果斯—宁夏中卫)，涩宁兰线(青海涩北—甘肃兰州)等	1219	0.1416	
中国石油西北联合管道有限责任公司	包括西三线(新疆霍尔果斯—福建福州，广东广州)等	1219	0.1202	
中国石油东部管道有限公司	包括西一线东段(宁夏中卫—上海)、西二线东段(宁夏中卫—广东广州)，忠武线(重庆忠县—湖北武汉)，长宁线(陕西长庆—宁夏银川)等	1219/1016/711	0.2386	

续表

企业名称	经营的主要管道	主干管道管径	管道运输价格	
		mm	元/km^3·km	元/m^3
中国石油管道分公司	包括秦沈线(河北秦皇岛—辽宁沈阳)、大沈线(辽宁大连—沈阳),哈沈线(沈阳—长春),中沧线(河南濮阳—河北沧州)等	1016/711	0.4594	
中国石油西南管道有限公司	包括中贵线(宁夏中卫—贵州贵阳)、西二线广南枝干线(广东广州—广西南宁)等	1016	0.3890	
中国石油西南管道有限公司	中缅线(云南瑞丽—广西贵港)	1016	0.4035	
中国石油西南油气田分公司	西南油气田周边管网	914/813/711		0.14
中国石化川气东送天然气管道有限公司	川气东送管道(四川光普—上海)	1016	0.3824	
中国石化榆济管道有限责任公司	榆济线(陕西榆林—山东济南)	711/610	0.4363	
内蒙古大唐国际克什克腾煤制天然气有限责任公司	内蒙古克什克腾旗至北京煤制气管道	914	0.9611	
山西通豫煤层气输配有限公司	山西沁水至河南博爱煤层气管道	559	3.4416	
张家口应张天然气有限公司	应张线(山西应县—河北张家口)	508	1.9938	

注:1. 上述价格均含9%增值税;

2. 部分企业经营的管道包含联络线及支线,本表未全部注明,具体见企业公布的价格表。

各管道运输企业根据单位距离的管道运输价格(运价率),以及天然气入口与出口的运输距离,确定公司管道运输价格表。例如,山西通豫煤层气输配有限公司自2019年4月1日起被批准的管道运价率为3.4416元/km^3·km(含税运价率,税率为9%)。

3.3.4.2 自建管道集输

管道集输建设投资较大,投资与地形地势、集输压力、管道选型、集输规模和集输距离等多种因素相关。根据项目建设经验,运输管道调压费用取 $P_{调}=(P_{末}-P_{始})\times0.01$,管道储运建设费用与距离的关系见表3-25和图3-12。

表 3-25 管道集输建设投资与距离关系表

距离/km	管道集输投资/(元/m^3)	距离/km	管道集输投资/(元/m^3)
0	0	900	1.22
200	0.34	1100	1.38
400	0.64	1300	1.50
600	0.90	1500	1.58
700	1.02		

以此，建立煤层气液化规模与建设投资的函数关系为：

$$y=-5\times10^{-7}x^2+0.0018x-0.001$$

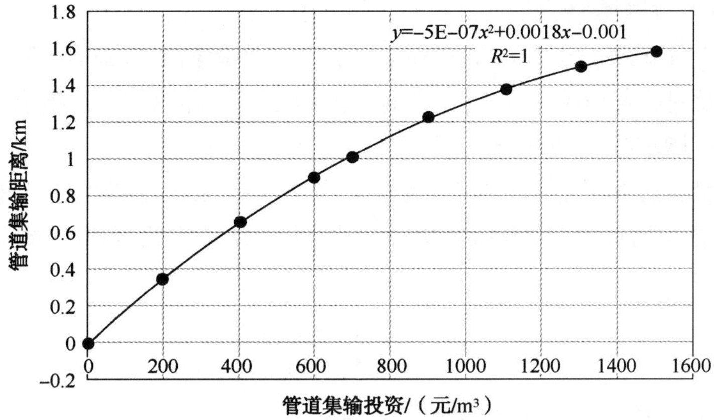

图 3-12 管道集输建设投资与距离关系图

以建设期为 1 年，年集输规模 1500 万 m^3，运输距离 1000km，井口压力 0.05MPa，管道工作压力 6.3MPa 的煤层气管道集输工程为例，计算管道集输工程技术经济指标见表 3-26。

表 3-26 管道集输工程技术经济指标

输入参数	数 值	输出指标	数 值
建设期/年	1	建设投资/万元	1558.80
生产期/年	15	总投资/万元	1699.09
年集输规模/万 m^3	1500	单位煤层气能耗/(t/万 m^3)	5.20
运输距离/km	1000	能源效率/%	36.83
管道起始压力/MPa	0.05	年总收益/万元	2700.00
管道工作压力/MPa	6.3	年生产成本与费用/万元	2194.90
煤层气井口价格/(元/m^3)	1.3	年均利润总额/万元	544.25
煤层气销售价格/(元/m^3)	2	年均税后利润/万元	408.19
建设期借款利率/%	6.00	投资利润率/%	32.03
自有资金比例/%	40	投资利税率/%	32.83

续表

输入参数	数　值	输出指标	数　值
长期借款利率/%	5.94	财务净现值(税前)/万元	1542.04
流动资金借款比例/%	70	内部收益率(税前)/%	22.59
短期借款利率/%	5.31	财务净现值(税后)/万元	652.46
流动资金比例/%	5.00	内部收益率(税后)/%	15.71
商品率/%	90	投资回收期/年	7.17
		单位煤层气总成本/(元/m^3)	1.54
		单位集输成本/(元/m^3)	1.60

3.3.4.3　压缩煤层气集输(CNG)

煤层气可以通过压缩、运输槽车向外输送，是管道运输的有效补充，尤其是针对运输管道不覆盖，以及对天然气有着一定程度需求的地区。压缩煤层气运输投资主要包括建厂投资和压缩天然气槽车投资两部分。

根据实际情况，压缩天然气(CNG)运输槽车成本按120万/辆计，运输槽车年行驶里程16.8万km左右，槽车容量4500m^3/辆，运输槽车数量按照运输规模和运输距离得到，其计算公式如下：

$$N_{\text{CNG槽车}}=\frac{V_{\text{总}}\times L_{\text{总}}\times 2}{V_{\text{CNG}}\times L_{\text{CNG}}}$$

式中　$N_{\text{CNG槽车}}$——所需CNG运输槽车数量，辆；

$V_{\text{总}}$——年运输规模，万m^3；

V_{CNG}——单位CNG槽车容量，万m^3/辆；

$L_{\text{总}}$——运输距离，km；

L_{CNG}——单位CNG槽车年行驶里程，km。

根据项目建设经验，年规模为150万m^3的压缩煤层气处理厂，建厂总投资为953.52万元；其他性质类似拟建项目的生产能力和投资额，计算公式如下：

$$T=T_0\times\left(\frac{X_2}{X_1}\right)^n\times CF$$

式中　T——投资额，万元；

T_0——基准投资额，万元；

n——生产能力指数，$0\leqslant n\leqslant 1$；

CF——新老项目建设间隔期内价格、费用变更等综合调整系数。

以建设期为1年，评价期为15年，年集输规模150万m^3，运输距离400km，单位CNG槽车容量0.45万m^3/辆，起始压力6.3MPa，储运压力25MPa为例，计算压缩煤层气集输工程技术经济指标见表3-27。

表 3-27 压缩煤层气集输工程技术经济指标

输入参数	数　值	输出指标	数　值
建设期/年	1	建设投资/万元	953.52
生产期/年	15	槽车投资/万元	1920
年运输规模/万 m^3	1500	总投资/万元	2959.34
运输距离/km	400	单位煤层气能耗/(t/万 m^3)	0.69
工程管理投资比例/%	15	能源效率/%	74.33
意外费用比例/%	15	年总收益/万元	3825.00
CNG 槽车价格/(万元/辆)	120	年均税金及附加/万元	146.71
CNG 槽车容量/(万 m^3/辆)	0.45	年均利润总额/万元	510.35
CNG 槽车年行驶里程/km	168000	年均税后利润/万元	382.76
起始压力/MPa	6.3	投资利润率/%	17.25
CNG 储运压力/MPa	25	投资利税率/%	17.89
下游运营费用/(元/m^3)	0.2	财务净现值(税前)/万元	1714.63
煤层气井口价格/(元/m^3)	1.54	内部收益率(税前)/%	27.13
煤层气销售价格/(元/m^3)	2.55	财务净现值(税后)/万元	938.25
		内部收益率(税后)/%	20.20
		投资回收期/年	6.63
		单位煤层气生产成本/(元/m^3)	2.37
		单位集输成本/(元/m^3)	1.08

3.3.4.4 液化煤层气集输(LNG)

大型 LNG 储罐可达 7000~200000m^3 液化天然气，小型 LNG 储罐可存 5~50m^3 液化天然气，液化天然气经简单的气化装置就可重新变成气态使用，液化储存的天然气可以用于城市管网和解决天然气电厂的调峰难题。煤层气液化克服了长途铺设管线耗资大，覆盖地区有限，且不具备储存和调峰能力的缺点。

根据实际情况，液化天然气(LNG)运输槽车成本按 120 万元/辆计，运输槽车年行驶里程 16.8 万 km 左右，槽车容量 3.29 万 m^3/辆，运输槽车数量按照运输规模和运输距离得到，其计算公式如下：

$$N_{LNG槽车}=\frac{V_{总}\times L_{总}\times 2}{V_{LNG}\times L_{LNG}}$$

式中 $N_{LNG槽车}$——所需 LNG 运输槽车数量，辆；

$V_{总}$——年运输规模，万 m^3；

V_{LNG}——单位 LNG 槽车容量，万 m^3/辆；

$L_{总}$——运输距离，km；

L_{LNG}——单位 LNG 槽车年行驶里程，km。

根据项目建设经验，液化煤层气液化规模与建设投资的关系见表 3-28。

表 3-28　液化煤层气液化规模与建设投资关系表

液化煤层气项目	每年液化规模/万 m^3	建设投资/万元
山西阳城嘉安睿泰	3630	6964.21
沁水顺泰	16500	32000
沁水新奥燃气	4950	12500
山西国新	49500	50000
大唐新能源	3300	7670

由此，建立煤层气液化规模与建设投资的函数关系如下，液化规模与建设投资关系图如图 3-13 所示。

$$y=-3\times10^{-5}x^2+2.4362x-193.02$$

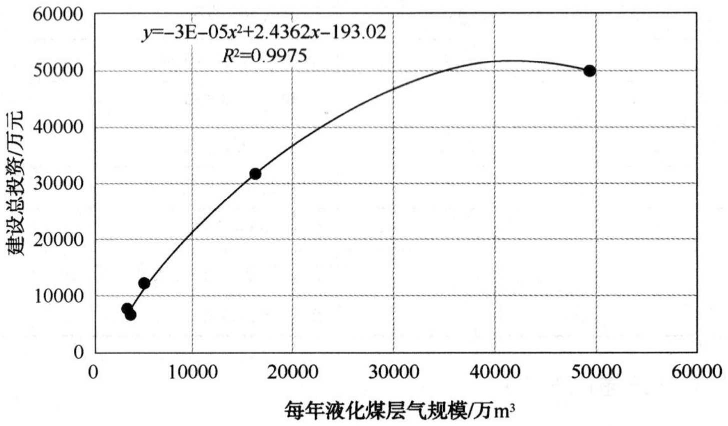

图 3-13　液化煤层气液化规模与建设投资关系图

以建设期为 1 年，评价期为 15 年，年集输规模为 3630 万 m^3，集输距离 1500km，LNG 槽车容量 3.29 万 m^3/辆为例，计算液化煤层气集输工程技术经济指标见表 3-29。

表 3-29　液化煤层气集输工程技术经济指标

输入参数	数　值	输出指标	数　值
建设期/年	1	建设投资/万元	8255.08
生产期/年	15	总投资/万元	11398.04
年运输规模/万 m^3	3630	单位煤层气能耗/(t/万 m^3)	0.62
运输距离/km	1500	能源效率/%	85.12
建设设备投资比例/%	60	年销售收入/万元	9728.40
LNG 槽车价格/(万元/辆)	120	年均利润总额/万元	2608.73
LNG 槽车容量/(万 m^3/辆)	3.2875	年均税后利润/万元	1956.55
LNG 槽车年行驶里程/km	168000	投资利润率/%	22.89

续表

输入参数	数　值	输出指标	数　值
上游液化费用/(元/m^3)	0.5	投资利税率/%	23.31
下游运营费用/(元/m^3)	0.2	财务净现值(税前)/万元	6392.74
煤层气井口价格/(元/m^3)	1.54	内部收益率(税前)/%	20.17
煤层气销售价格/(元/m^3)	2.68	财务净现值(税后)/万元	2184.22
年用电量/万 kW·h	1845.36	内部收益率(税后)/%	13.75
年新水消耗量/m^3	56430	投资回收期/年	7.89
		单位煤层气生产成本/(元/m^3)	2.24
		单位集输成本/(元/m^3)	1.19

3.3.4.5　不同集输方式综合评价

在每年集输规模为 1500 万 m^3的情况下，管道集输、压缩煤层气集输、液化煤层气集输 3 种集输方式的对比，可以得到运输距离和集输成本的关系如图 3-14 所示。

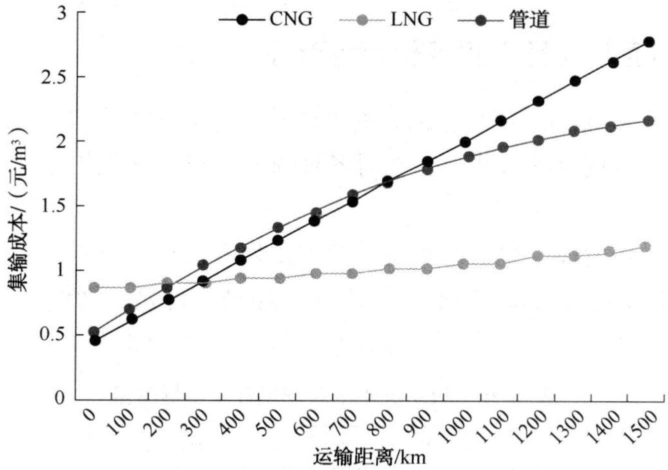

图 3-14　煤层气运输距离与集输成本关系图

可以看出，当每年集输规模为 1500 万 m^3时，CNG 的集输成本随距离增长的变化趋势相似，在短距离集输方面具有一定优势。CNG 集输在 0～300km 范围内，集输成本低于 LNG 集输，超过 300km 则不具有竞争优势。因此，CNG 适用于短距离供气。

LNG 集输虽然在接收站方面的投资要高于 CNG，但是 LNG 运输由于单程运输量远大于 CNG，所以其运输成本低，在超过 400km 的运输距离中具备较为明显的优势。因此，LNG 运输适用于远距离供气。

此外，需要注意的是，管道集输建站的费用较大，管道和铺设管道的花费一般都在亿元以上，但随着管道距离的增长，特别是在 1100km 以上，其较低的运行费用较 CNG 有明显的优势，同样适合远距离供气。但由图中可以看出，同为适合远距离供气的管道集输与 LNG 集输成本相差较大，这是由于集输成本不单受集输距离的影响，集输规模对集输成本的影响同样重大。一般情况下，长距离管道集输的集输规模较大，年集输规模可以达到亿方级。在这样的集输规模下，管道集输的成本优势将会极大显现，因此，管道集输适用于大规模长距离供气。

3.4 煤矿区煤层气利用工程评价方法和模型

3.4.1 煤矿区煤层气利用评价范围

煤层气利用途径较多，中高浓度煤层气(甲烷浓度≥30%)主要用于民用、发电、化工、工业燃料和液化天然气燃料等领域，主要以民用和发电为主；低浓度煤层气(1%<甲烷浓度<30%)主要用于发电；极低浓度煤层气(矿井乏风，甲烷浓度≤1%)由于其产量大、浓度低，主要用于辅助或主要燃料。

煤层气利用评价范围包括从外输管线输送的煤层气，进入利用项目至煤层气消耗产生能量或产品的整个过程。

3.4.2 煤矿区煤层气利用工程评价指标体系

本文研究采用技术-经济-环境相结合的方法建立煤矿区煤层气利用技术评价模型，模型以定量分析为主，运用科学方法，旨在对各种煤矿区煤层气利用技术在技术、经济、环境三个纬度有清晰认识。

煤矿区煤层气利用阶段主要探讨现有各种利用技术的技术特点、投资和成本、经济效益以及减排对环境影响等，最终确定从技术、经济、环境三个纬度指标来综合评价见表 3-30。

表 3-30 煤矿区煤层气利用评价指标体系

综合指标	一级指标	二级指标	三级指标
综合指标(I)	技术指标(A_1)	效率(A_{11})	能量效率(B_{11})
		资源消耗(A_{12})	电耗(B_{12})
			水耗(B_{13})
		技术成熟度(A_{13})	发展阶段(B_{14})
		技术适应性(A_{14})	煤层气浓度适应性(B_{15})
			煤层气资源适应性(B_{16})
	环境指标(A_2)	节能效益(A_{21})	节约资源量(B_{21})
		减排效益(A_{22})	CO_2减排(B_{22})
	经济指标(A_3)	投入产出(A_{31})	投资(B_{31})
			成本(B_{32})
			净现值(B_{33})
			内部收益率(B_{34})

3.4.3 煤矿区煤层气利用工程评价模型

3.4.3.1 技术指标

1. 能量效率

从系统中输出有用能量与所有输入系统能量之比的百分数，这是与利用技术直接相关的指标，先进的技术能量效率高。

$$\eta_t = \frac{\sum Q'_{i出}}{\sum Q_{i入}} = \frac{Q'_1 + Q'_2 + \cdots + Q'_n}{Q_1 + Q_2 + \cdots + Q_n} \times 100\%$$

式中 $Q'_{i出}$——各种输出有用能量，GJ；

$Q_{i入}$——各种输入能量，GJ。

2. 资源消耗

指所考察利用技术利用煤层气生产单位能量的所有资源消耗，包括水、电、其他资源等。

$$q = \frac{m}{\sum Q_{出}}$$

式中 q——生产单位能量的资源消耗，m^3/GJ，kW/GJ；

m——资源消耗量，m^3，kW·h；

$Q_{出}$——输出有用能量，GJ。

煤层气利用主要消耗指标如下：

水耗：$q_w = \frac{总用水量}{\sum Q_{出}}$；电耗：$q_e = \frac{总用电量}{\sum Q_{出}}$。

3. 技术成熟度

反映所考察技术当前的发展阶段，分为研发中、工业性示范、商业化示范和推广应用四个阶段。

4. 技术适应性

反映所考察技术的适应能力，包括煤层气浓度适应性、煤层气资源适应性等。煤层气浓度适应性，指煤层气利用技术对煤层气浓度的适应性要求。煤层气资源适应性，是指煤层气利用技术适应范围的煤层气资源情况。

3.4.3.2 环境指标

1. 节能效益

煤层气利用实现提供能量的效益，主要用节约煤炭量进行表征。

2. 减排效益

CO_2减排：包括由 CH_4转化为 CO_2的当量减排和燃 CH_4代替燃煤实现的减排两部分。

3.4.3.3 经济指标

1. 投资

反映所考察煤层气利用工程所需要的投资。研究中根据实际工程数据或可行性研究报告数据建立技术装备数据库，根据煤层气量多少和技术工艺要求选择技术装备，以技术装备为基础估算投资。

对于无法直接获得技术装备价格的情况，根据已建成的、性质类似项目的生产能力和投资额与拟建项目的生产能力来估算拟建项目投资额，计算公式如下：

$$T=T_0\times\left(\frac{X_2}{X_1}\right)^n\times CF$$

式中 T——投资额，万元；

T_0——基准投资额，万元；

n——生产能力指数，$0\leqslant n\leqslant 1$；

CF——新老项目建设间隔期内价格、费用变更等综合调整系数。

2. 成本

反映所考察技术在进行煤层气利用过程中的资本耗费。

3. 净现值

$$NPV=\sum_{t=0}^{n}\frac{(CI-CO)_t}{(1+i_c)^t}$$

式中 NPV——净现值，万元；

$(CI—CO)_t$——第 t 年的现金净流量，万元；

i_c——基准折现率，按 12%考虑；

n——项目计算期，按项目运行 15 年计算。

4. 内部收益率

$$\sum_{i=0}^{n}\frac{(CI-CO)_i}{(1+IRR)^i}=0$$

式中 IRR——内部收益率；

$(CI—CO)_i$——第 i 年的现金净流量。

3.4.4 典型煤矿区煤层气利用工程综合评价

煤矿区煤层气主要利用方向是供电、供热、制 LNG 和 CNG 供民用和汽车燃料。本书在“十二五”利用工程评价基础上，优化有代表性的不同浓度煤层气利用技术进行综合评价。

3.4.4.1 高浓度煤层气液化工程

1. 系统边界范围

系统边界范围如图 3-15 所示。输入为浓度在 90%以上的原料气、电力、水等，输出为液化煤层气(LNG)、废气等。

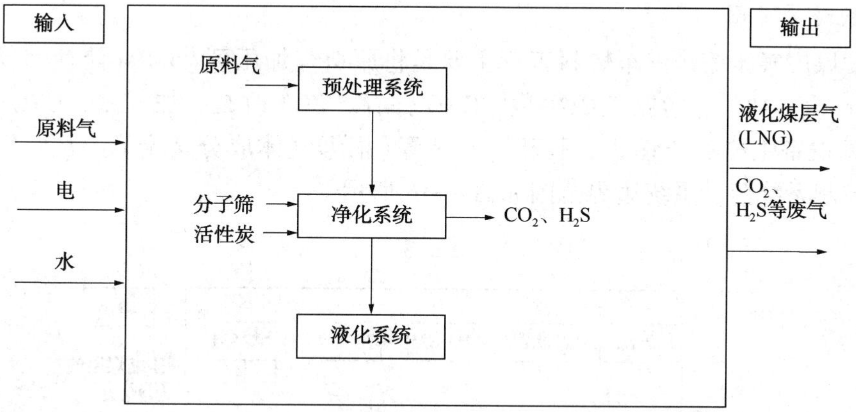

图 3-15 高浓度煤层气液化工艺系统

2. 模型计算结果

以年产 2.1 万 t/a LNG 的高浓度煤层气液化项目为例，输入输出数据见表 3-31。输入参数设置包括原料气、产品率等技术参数，原料气价格、材料价格等经济参数，以及政策因素。在不考虑高浓度煤层气利用财政补贴 CDM 碳交易的情况下，模型结果与山西某公司 LNG 年产量 1.8 万 t 高浓度煤层气液化项目可行性研究报告结果相近。

表 3-31 高浓度煤层气液化工程技术经济评价结果

输入参数		单位	数值
技术参数	CH_4浓度	%	95
	日处理原料气量	Nm^3	110000
	产品率	%	90
	年开工天数	天	330
经济参数	原料气进厂价	元/m^3	1.4
	产品出厂价	元/m^3	2.6
	电价	元/kW·h	0.45
	水价	元/t	3.5
	13X 分子筛价格	元/t	17800
	3KT-172 分子筛价格	元/t	16700
	活性炭价格	元/kg	29.6
	液氮价格	元/m^3	6000
政策指标	利用补贴	元/m^3	0
	CER 价格	EURO/tCO_2	0

输出指标		单位	数值
技术指标	LNG 年产量	万 t	2.1
	能量效率	%	71.64
	电耗	kW·h/t 产品	1007.57
		kW·h/GJ	20.13
	水耗	t/t 产品	6.64
		t/GJ	0.13
	产品能耗	GJ/t 产品	69.86
		GJ/GJ	1.40
经济指标	投资	元/t 产品	4313.5
		元/GJ	86.20
	成本	元/t 产品	3285.6
		元/GJ	65.66
	内部收益率(税后)	%	17.6
	投资回收期(税后)	年	6.02
	净现值(税后)	万元	2192.1
环境指标	CO_2减排	tCO_2/t 产品	20.58
		tCO_2/GJ	0.41

3.4.4.2 高浓度煤层气压缩作汽车燃料工程

1. 系统边界范围

高浓度煤层气压缩作汽车燃料工程主要是将原料气加压到 25MPa 储存，以 20MPa 的压力给 CNG 汽车加气，包括气源净化、CNG 储存、汽车改装、加气站、CNG 汽车检测。CNG 加气站设备主要有压缩机、脱硫脱水装置(根据气体成分选配)、储气库、售气机、PLC 自动控制系统等。系统边界范围如图 3-16 所示。

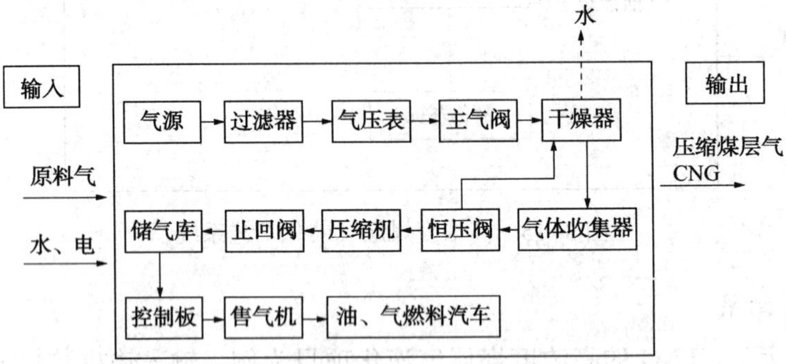

图 3-16　高浓度煤层气压缩作汽车燃料工艺系统

2. 模型计算结果

以高浓度煤层气 2.6 万 m^3/d 车用 CNG 加气子站工程为例，输入输出数据见表 3-32。输入参数设置包括原料气、产品率等技术参数，原料气价格、材料价格等经济参数，以及政策因素。在不考虑高浓度煤层气利用财政补贴 CDM 碳交易的情况下，模型结果与山西某公司车用 CNG 加气子站项目可行性研究报告结果相近。

表 3-32　高浓度煤层气车用 CNG 工程技术经济评价结果

输入参数		单位	数值
技术参数	CH_4浓度	%	95
	日处理原料气量	Nm^3	25589
	产品率	%	95
	年开工天数	天	365
经济参数	电价	元/kW · h	0.45
	水价	元/t	3.5
	原料气进站口价	元/m^3	1.1
	产品出厂价	元/m^3	1.9
	柴油价	元/L	7.2
政策指标	利用补贴	元/m^3	0
	CER 价格	EURO/tCO_2	0

输出指标		单位	数值
技术指标	CNG 年产量	万 m^3	887.3
	能量效率	%	93.39
	电耗	kW · h/m^3	0.11
		kW · h/GJ	3.23
	水耗	kg/m^3	1.76
		kg/GJ	0.05
	产品能耗	MJ/m^3	36.50
		GJ/GJ	1.07
经济指标	投资	元/m^3	2.43
		元/GJ	71.32
	成本	元/m^3	1.49
		元/GJ	43.72
	内部收益率(税后)	%	12.99
	投资回收期(税后)	年	9.15
	净现值(税后)	万元	105.39
环境指标	CO_2减排	tCO_2/m^3	0.01
		tCO_2/GJ	0.40

3.4.4.3 中高浓度煤层气发电工程

1. 系统边界范围

中高浓度煤层气发电可以分为以燃气内燃机、燃气轮机为代表的直接燃用煤层气发电技术和以蒸汽轮机为代表的间接燃用煤层气的蒸汽发电技术。与间接燃用煤层气发电技术相比，直燃煤层气发电技术更先进，热效率更高。新的发展趋势是建立联合循环系统，有效利用发电余热。中高浓度煤层气联合循环发电系统边界范围见图 3-17。

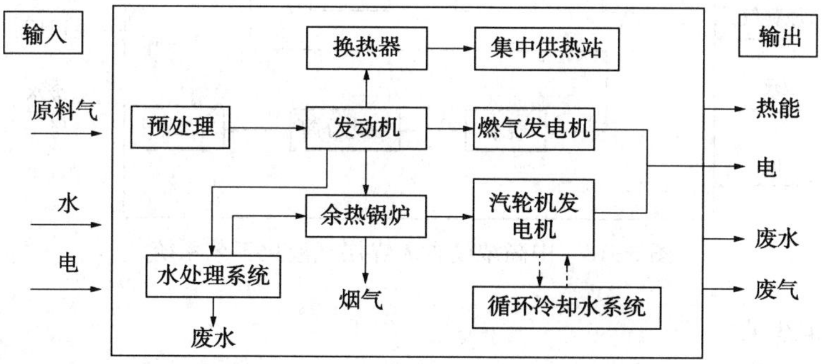

图 3-17 中高浓度煤层气发电工艺系统

2. 模型计算结果

以 13.5MW 中高浓度煤层气发电项目为例，输入输出数据见表 3-33。输入参数设置包括原料气浓度、抽采率等技术参数，原料气价格、水/电价格等经济参数，以及政策因素。政策因素设置为中浓度煤层气发电补贴为 0.25 元/kW · h、未参加 CDM 碳交易(碳交易价格设置为 0 欧元)。

表 3-33 中高浓度煤层气发电工程技术经济评价结果

输入参数		单位	数值
技术参数	CH_4浓度	%	45
	煤层气绝对涌出量(纯)	m^3/min	190
	抽采率	%	50
	可供发电比例	%	60
	发电机组		国产
	发电设备型号		胜动 500GF1
	发电小时数	h	7200
经济参数	原料气购入价格(混)	元/m^3	0.3
	上网电价(含税)	元/kW · h	0.234
	水价	元/t	3.5
政策指标	发电补贴	元/kW · h	0.25
	CER 价格	EURO/tCO_2	0

输出指标		单位	数值
技术指标	年发电量	万 kW · h	8988.48
	能量效率	%	36.49
	气耗(折纯)	m^3/kW · h	0.27
		m^3/GJ	76.10
	水耗	m^3/MW · h	0.55
		t/GJ	0.15
	单位产品能耗	MJ/kW · h	9.87
		GJ/GJ	2.74
经济指标	投资	元/kW	3599.83
		元/GJ	144.63
	成本	元/kW · h	0.31
		元/GJ	84.95
	内部收益率(税后)	%	25.13
	投资回收期(税后)	年	5.91
	净现值(税后)	万元	3741.68
环境指标	CO_2减排	tCO_2/kW · h	0.005
		tCO_2/GJ	1.27

3.4.4.4 中高浓度含氧煤层气液化工程

1. 系统边界范围

中高浓度含氧煤层气液化工程，首先设置煤层气脱氧环节，采用耐硫催化剂催化脱氧，脱氧后的煤层气经脱碳-脱水净化，再经液化分馏可制得 LNG。边界范围如图 3-18 所示。

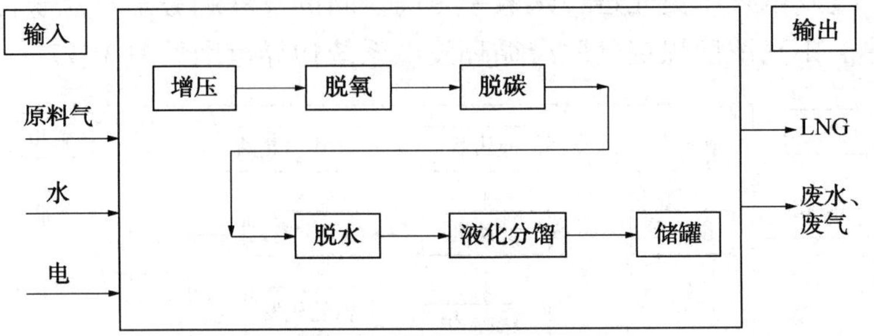

图 3-18 中高浓度含氧煤层气液化工艺系统

2. 模型计算结果

以中高浓度含氧煤层气液化 5 万 t/aLNG 工程为例，输入输出见表 3-34。输入参数设置包括原料气浓度、产品率等技术参数，原料气价格、水/电价格等经济参数，以及政策因素。政策因素设置为中浓度煤层气利用补贴为 0.2 元/m^3、未参加 CDM 碳交易(碳交易价格设置为 0 欧元)。

表 3-34 中高浓度含氧煤层气液化工程技术经济评价结果

输入参数		单位	数值
技术参数	CH_4浓度	%	35
	处理原料气量(混)	Nm^3/h	33000
	年运行时间	h	8000
	产品率	%	75
经济参数	电价	元/kW·h	0.45
	水价	元/t	3.5
	原料气进厂价(纯)	元/m^3	0.6
	产品出厂价	元/m^3	2.6
	脱氧催化剂价格	万元/t	10.5
	脱 CO_2 胺剂价格	万元/t	1.2
	分子筛价格	万元/t	1.67
	活性炭价格	万元/t	2.96
政策指标	利用补贴	元/m^3	0.2
	CER 价格	EURO/tCO_2	0

输出指标		单位	数值
技术指标	LNG 年产量	万 t	5
	能量效率	%	57.38
	电耗	kW·h/tLNG	1995.76
		kW·h/GJ	39.88
	水耗	t/tLNG	10.44
		t/GJ	0.21
	吨产品能耗	GJ/tLNG	87.21
		GJ/GJ	1.74
经济指标	投资	元/tLNG	6200.00
		元/GJ	123.90
	成本	元/tLNG	2889.92
		元/GJ	57.75
	内部收益率(税后)	%	16.57
	投资回收期(税后)	年	6.43
	净现值(税后)	万元	6740.59
环境指标	CO_2减排	tCO_2/tLNG	22.22
		tCO_2/GJ	0.44

3.4.4.5 低浓度煤层气发电工程

1. 系统边界范围

低浓度煤层气发电工艺主要包括安全输送系统、发电系统、余热回收发电系统。边界范围如图 3-19 所示。

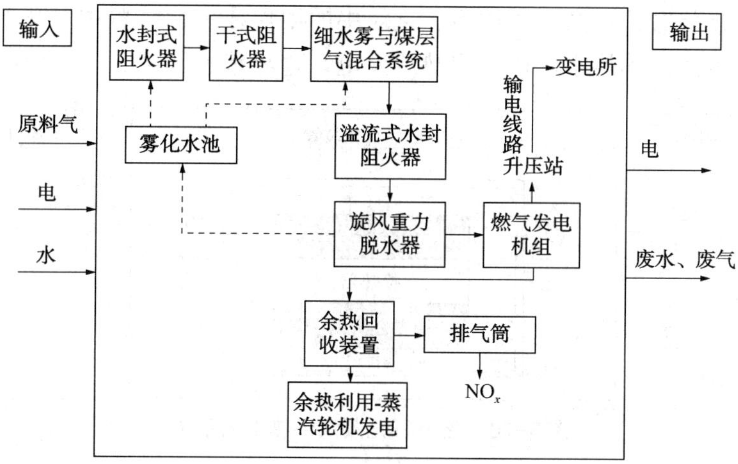

图 3-19 低浓度煤层气发电工艺系统

2. 模型计算结果

以 13.5MW 低浓度煤层气发电工程为例，输入输出见表 3-35。输入参数设置包括原料气浓度、抽采率等技术参数，原料气价格、水/电价格等经济参数，以及政策因素。政策因素设置为低浓度煤层气发电补贴为 0.25 元/kW·h、未参加 CDM 碳交易(碳交易价格设置为 0 欧元)。

表 3-35 低浓度煤层气发电工程技术经济评价结果

输入参数		单位	数值
技术参数	CH_4浓度	%	10
	煤层气绝对涌出量(纯)	m^3/min	190
	抽采率	%	50
	可供发电比例	%	60
	发电机组		国产
	发电设备型号		胜动 500GF1
	发电小时数	h	7200
经济参数	原料气购入价格(混)	元/m^3	0.1
	上网电价(含税)	元/kW·h	0.234
	水价	元/t	3.5
政策指标	发电补贴	元/kW·h	0.25
	CER 价格	EURO/tCO_2	0

输出指标		单位	数值
技术指标	年发电量	万 kW·h	8534.88
	能量效率	%	34.60
	气耗	m^3/kW·h	0.29
		m^3/GJ	80.14
	水耗	m^3/MW·h	2.76
		t/GJ	0.77
	单位产品能耗	MJ/kW·h	10.40
		GJ/GJ	2.89
经济指标	投资	元/kW	6626.44
		元/GJ	285.59
	成本	元/kW·h	0.47
		元/GJ	130.91
	内部收益率(税后)	%	-2.83
	投资回收期(税后)	年	超过计算期
	净现值(税后)	万元	-5756.44
环境指标	CO_2减排	tCO_2/kW·h	0.005
		tCO_2/GJ	1.32

3.4.4.6 乏风氧化蒸汽供热工程

1. 系统边界范围

煤矿乏风中的甲烷因浓度低常温下难以实现自稳定氧化燃烧，只有当环境温度维持在800~100℃以上时，才能有效地氧化分解为CO_2和水。针对乏风这一特性，将10~30℃的煤矿乏风送入氧化装置，在高温条件下，乏风中的甲烷在氧化装置中氧化释放热量，利用这些热量可以产生蒸汽和热水，可以取热或发电。边界范围如图3-20所示。

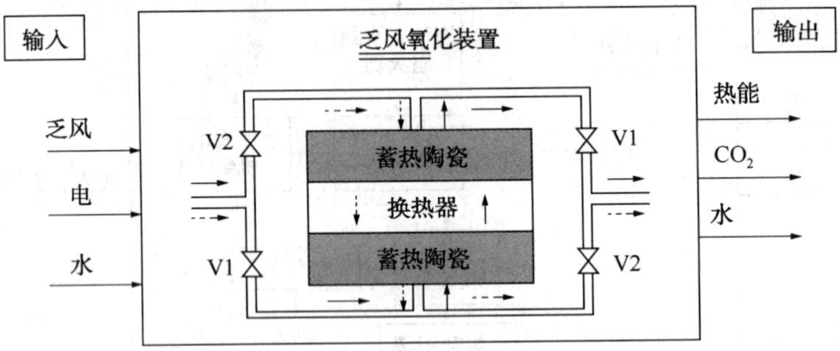

图3-20 乏风氧化蒸汽供热工艺系统

2. 模型计算结果

以10套6万m^3/h乏风氧化装置规模为例，输入输出见表3-36。输入参数设置包括原料气浓度、甲烷氧化率等技术参数，原料气价格、水电价格等经济参数，以及政策因素。政策因素设置为乏风利用补贴为0.2元/m^3、参加CDM碳交易(碳交易价格为2欧元，2013年数据)。2020年碳交易价格突破35欧元/t，这将极大提高乏风利用经济性。

表3-36 60万m^3/h乏风氧化供热工程技术经济评价结果

输入参数		单位	数值
技术参数	CH_4浓度	%	0.5
	可供利用的乏风量(混量)	万m^3/h	60
	甲烷氧化率	%	97
	单台装置可利用余热量	MJ/h	10000
	年运行小时数	h	7200
经济参数	气价	元/m^3	0
	供电价格	元/kW·h	0.45
	水价	元/t	3.5
	主体结构件价格	元/t	2000
政策指标	利用补贴	元/m^3	0.2
	CER价格	EURO/tCO_2	2

输出指标		单位	数值
技术指标	年回收热量	GJ	292410
	能量效率	%	33.79
	电耗	每年万kW·h	1107.91
		kW·h/GJ	37.89
	水耗	每年万m^3	2.65
		m^3/GJ	0.09
	气耗	每年万Nm^3	2095.20
		m^3/GJ	71.65
	单位产品能耗	GJ/GJ	2.96
经济指标	投资	元/Nm^3	4.57
		元/GJ	315.68
	成本	元/Nm^3	0.82
		元/GJ	58.54
	内部收益率(税后)	%	2.04
	投资回收期(税后)	年	16.86
	净现值(税后)	万元	-4545.01
环境指标	CO_2减排量	万t/a	28.32
	单位产品CO_2减排	t/GJ	0.97

3.4.4.7 低浓度煤层气发电+乏风氧化发电工程

1. 系统边界范围

低浓度煤层气发电+乏风氧化发电工程是将同一矿区的低浓度煤层气和乏风均实现利用，多余的低浓度煤层气可与乏风进行配气，混合气送入乏风氧化装置进行发电。系统边界范围如图 3-21 所示。

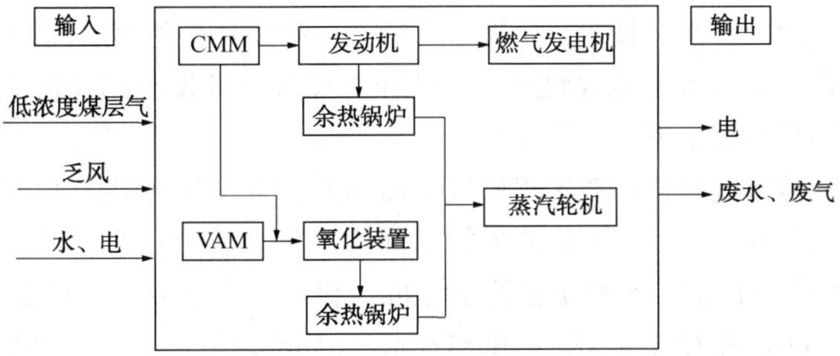

图 3-21 低浓度煤层气发电+乏风发电工艺系统

2. 模型计算结果

以 3.5MW 发电规模为例，包括 4 台 500kW 低浓度煤层气发电机组、2 台 10 万 m^3/h 乏风氧化装置、1 台 1.5MW 蒸汽轮机发电机组。输入输出见表 3-37。输入参数设置包括原料气浓度、乏风量等技术参数，原料气价格等经济参数，以及政策因素。政策因素设置为煤层气发电补贴为 0.25 元/kW·h、未参加 CDM 碳交易(碳交易价格设置为 0 欧元)。

表 3-37 低浓度煤层气发电+乏风氧化发电工程技术经济评价结果

输入参数		单位	数值
技术参数	CH_4浓度	%	8
	乏风浓度	%	0.45
	煤层气流量(折纯)	m^3/min	10.24
	乏风量(混量)	万 m^3/h	20
	自用电比例	%	8
	低浓度发电运行小时	h	7200
	氧化装置运行小时	h	7200
	蒸汽轮机运行小时	h	4574
经济参数	电价	元/kW·h	0.45
	水价	元/t	3.5
政策指标	发电补贴	元/kW·h	0.25
	CER 价格	EURO/tCO_2	0

输出指标		单位	数值
技术指标	年发电量	万 kW·h	2126.1
	年上网量	万 kW·h	1956.01
	能量效率	%	18.70
	气耗	m^3/kW·h	0.51
		m^3/GJ	142.46
	水耗	t/MW·h	4.29
		t/GJ	1.2
	单位产品能耗	MJ/kW·h	19.25
		GJ/GJ	5.35
经济指标	投资	元/kW	21299.69
		元/GJ	973.99
	成本	元/kW·h	0.51
		元/GJ	141.22
	内部收益率(税后)	%	4.62
	投资回收期(税后)	年	11.78
	净现值(税后)	万元	-2421.88
环境指标	CO_2减排	万 t/a	27.46
	单位产品 CO_2减排	t/kW·h	0.013
		t/GJ	3.59

3.5 煤矿区煤层气开发利用全生命周期评价软件系统开发

3.5.1 软件概述

“煤矿区煤层气全生命周期综合评价系统”是一款用于煤层气抽采、集输和利用的全生命周期评价管理软件，旨在从技术、经济、环境三个维度对各种煤层气抽采、集输和利用技术进行量化评价，为国家、地方政府和企业布局煤层气开发利用发展方向、技术优选、政策制定等提供科学决策依据。

本软件基本涵盖了现阶段煤矿区煤层气地面抽采、集输和利用技术。抽采模块包括垂直井、丛式井、水平井、U 形井 4 种抽采技术评价；集输模块包括管道、CNG、LNG、水合物 NGH 以及变压吸附 ANG 5 种集输技术评价；利用模块包括：不同浓度煤层气发电技术、加工技术(制 LNG 和 CNG 技术)、供热技术(民用和乏风供热)和其他利用(锅炉掺烧、坑口助燃)等 11 项技术评价。

具备三种主要功能：①实现各类煤层气抽采、集输和利用技术的技术-经济-环境综合评价；②实现多种煤层气技术之间的指标对比；③实现不同政策情景下对煤层气抽采、集输和利用的经济性影响评价。

3.5.2 编程语言说明

该软件使用 C++语言开发，开发工具使用开源 QT Creator 开发工具进行开发，相关数据来源于 Excel 表格，基于 QT 开发的产品可以实现很好的跨平台运行，既可以在 windows 操作系统上面运行，也可以运行在 Linux 操作系统上。

3.5.3 软件界面示例

3.5.3.1 抽采技术评价模块

1. 界面示意

抽采模块的下拉菜单包括垂直井、丛式井、水平井、U 形井以及井型比较等功能选项，点击对应的菜单选项可打开各个功能页面如图 3-22 所示。

2. 单项技术比较

以选择抽采模块-垂直井为例，图 3-23 显示了抽采模块-垂直井计算界面。整个界面包含数据输入、数据输出以及恢复默认值和计算按钮，用户可在界面左侧输入数据，点击开始计算按键，界面右侧输出计算结果。

3. 多种技术比较

选择抽采模块-井型比较，进入抽采技术比较界面(图 3-24)，得到四种抽采的单位能耗、单位投资、单位抽采成本比较结果。

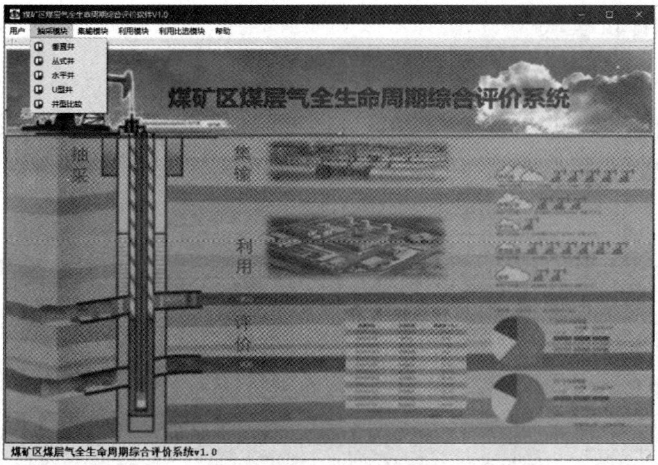

图 3-22 抽采模块界面

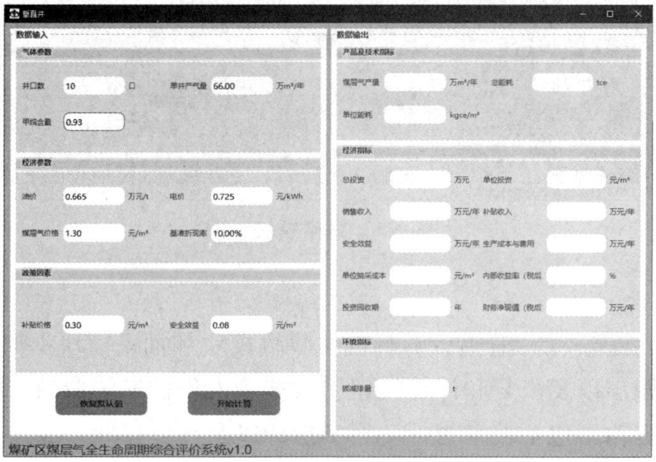

图 3-23 抽采模块-垂直井计算界面

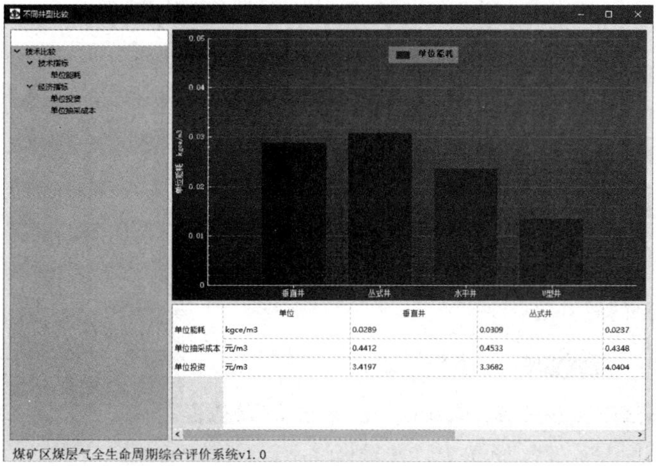

图 3-24 抽采技术比较

3.5.3.2 集输技术评价模块

1. 界面示意

集输模块的下拉菜单包括管道、CNG、LNG、水合物 NGH、变压吸附 ANG 等集输方式以及集输方式比较等功能选项，点击对应的菜单选项可打开各个功能页面如图 3-25 所示。

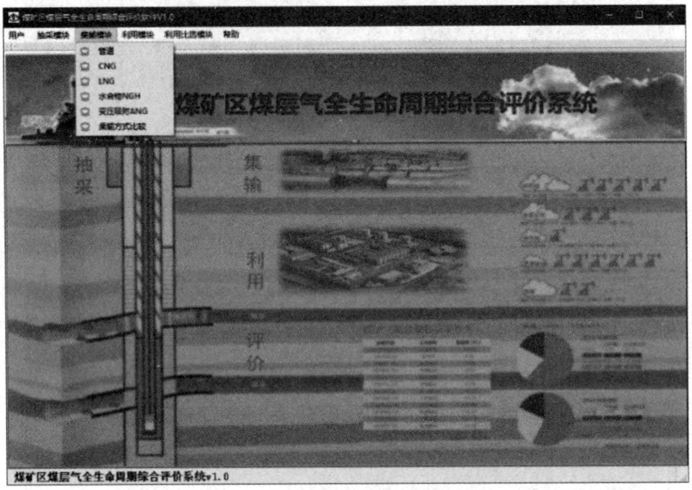

图 3-25 集输模块界面

2. 单项技术比较

图 3-26 显示了集输模块-管道计算界面，集输模块和抽采模块类似，整个图形界面包含数据输入、数据输出以及恢复和计算按钮，数据输入包括气体参数、经济参数以及政策参数等几大类，数据输出包括技术指标、经济指标以及环境指标。

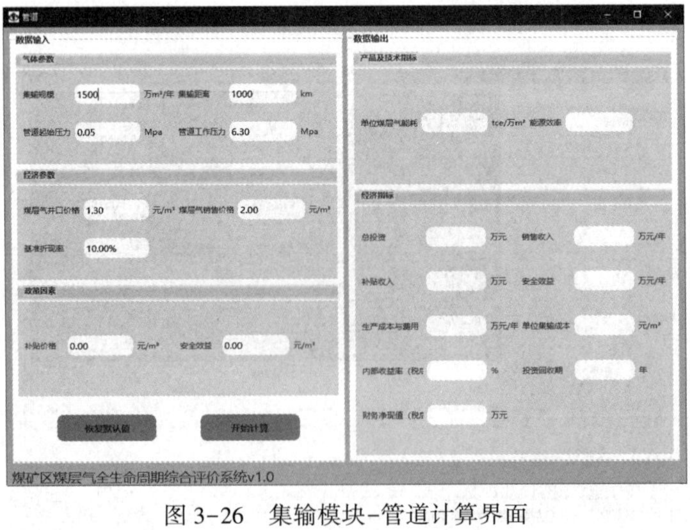

图 3-26 集输模块-管道计算界面

3. 多种技术比较

图 3-27 显示了集输方式比较结果，通过折线图能够直观地展示出不同的集输技术下，集输距离和集输成本间的关系，为技术选择提供有利的支撑。

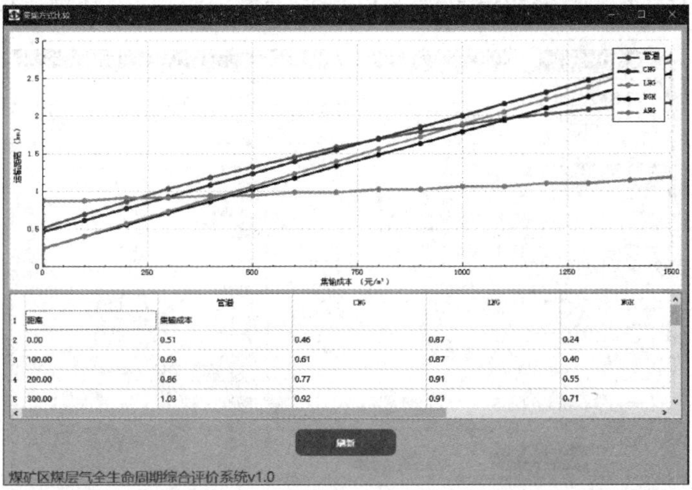

图 3-27 集输方式比较结果界面

3.5.3.3 利用技术评价模块

1. 界面示意

图 3-28 是利用模块界面，利用模块的下拉菜单的抽采和集输模块有所不同，利用模块包含两级菜单，以及菜单包括煤层气发电、煤层气加工、煤层气供热以及其他利用等几大项，四大项下面还有各种具体的技术菜单，点击下面二级菜单可打开具体功能页，如煤层气供热下的民用供热技术。

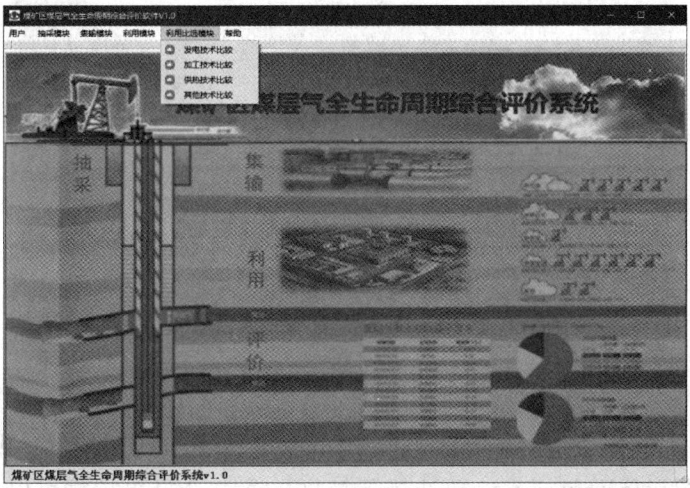

图 3-28 利用模块界面

2. 单项技术比较

图 3-29 是利用模块-民用供热计算界面，利用模块和上述的抽采和集输模块类似，整个界面包含数据输入、数据输出以及恢复和计算按钮，数据输入包括气体参数、经济参数以及政策参数等几大类，数据输出包括技术指标、经济指标以及环境指标。

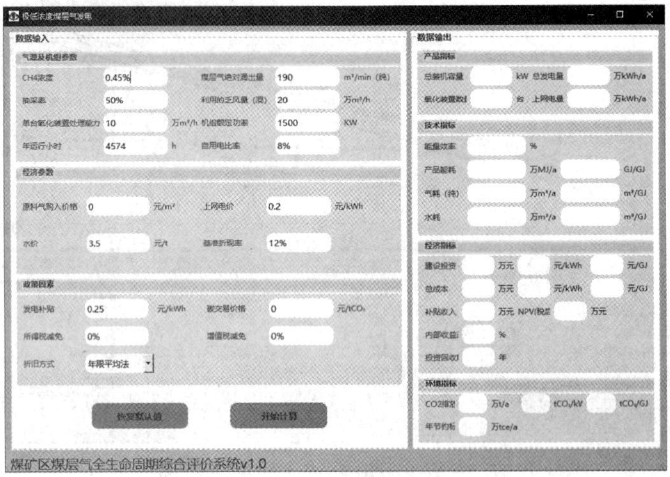

图 3-29　利用模块-极低浓度煤层气计算界面

3. 多种技术比较

图 3-30 是利用比选模块界面，利用比选模块的下拉菜单包括发电技术、加工技术、供热技术以及其他技术比较等功能选项，点击对应的菜单选项可打开各个功能页面。

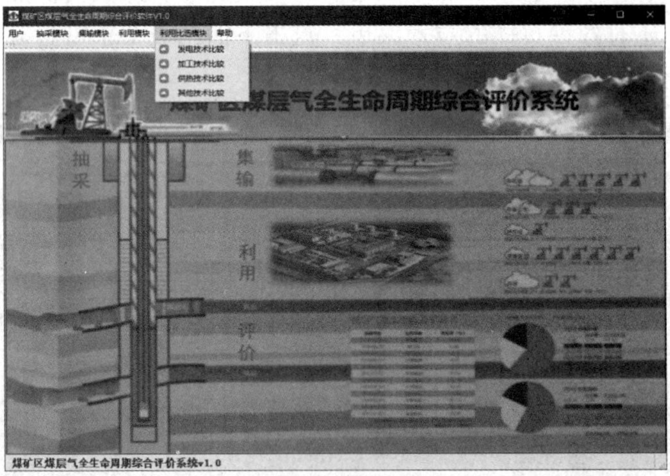

图 3-30　利用比选模块界面

图 3-31～图 3-34 分别是不同的浓度煤层气发电技术、加工技术、供热技术、其他技术的比较，整个图形界面包技术参数选择下拉框，通过选择下拉框可以选取不同的技术、经济以及环境指标，通过柱状图进行横向对比直观地进行展示。

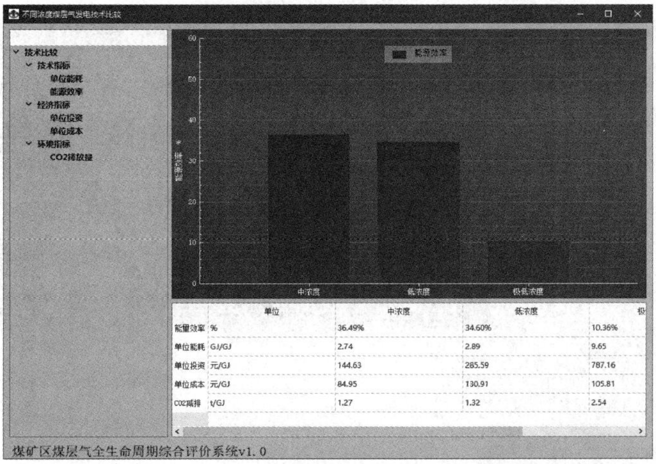

图 3-31　不同浓度煤层气发电技术

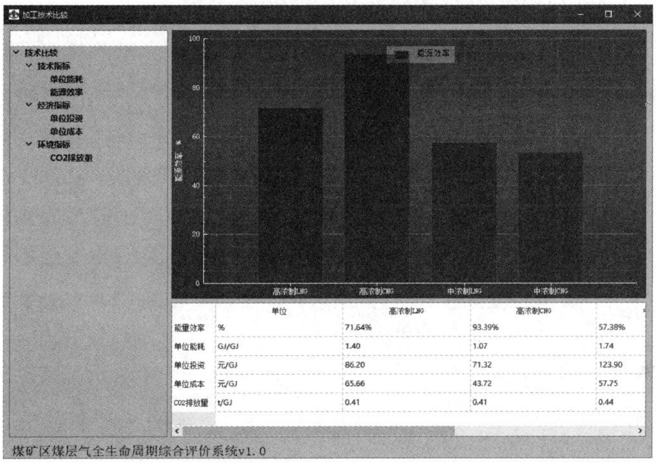

图 3-32　加工技术比较

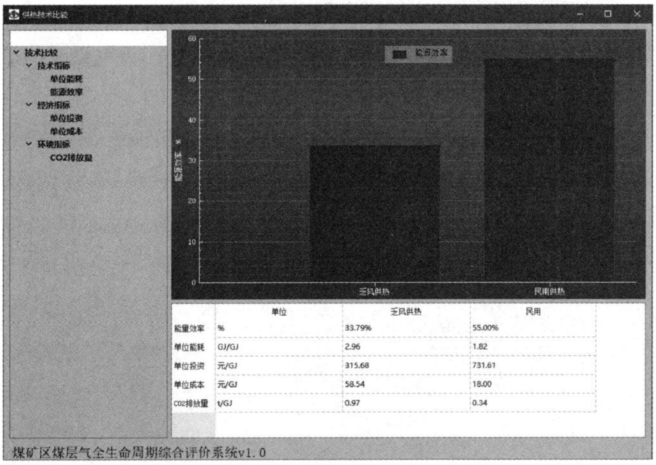

图 3-33　供热技术比较

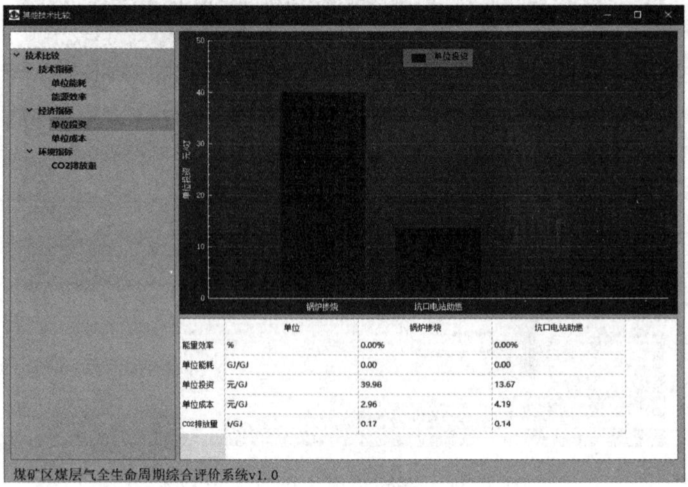
其他技术比较
技术比较
技术指标
单位能耗
能源效率
经济指标
单位投资
单位成本
环境指标
CO2排放量
单位投资
50
40
30
20
10
0
锅炉掺烧
抗口电站助燃
单位
锅炉掺烧
抗口电站助燃
能量效率
%
0.00%
0.00%
单位能耗
GJ/GJ
0.00
0.00
单位投资
元/GJ
39.98
13.67
单位成本
元/GJ
2.96
4.19
C02排放量
t/GJ
0.17
0.14
煤矿区煤层气全生命周期综合评价系统v1.0

图 3-34　其他技术比较

第 4 章

煤矿区煤层气开发利用经济性及临界点分析

煤矿区煤层气开发利用涉及多个环节，是一项复杂的系统工程。煤层气开发利用的经济性取决于多方面因素，在评估煤层气开发利用的经济性时，必须要综合考虑其带来的直接和间接的经济效益。

本章系统分析了影响煤矿区煤层气开发利用经济性的主要因素，其中地质因素涉及资源量、渗透率、埋藏深度等方面，开发因素涉及各种开发方式及不同井型的选择，利用因素涉及发电、民用、工业燃料等不同利用方式，政策因素包括税费优惠、财政补贴等。在分析影响因素基础上，通过构建煤矿区煤层气开发利用经济评价体系，对煤层气开发工程、集输工程和利用工程进行经济性临界点分析。

4.1 影响经济性的主要因素分析

煤矿区煤层气地面开发是否具有商业价值，主要取决于规模化的产量、产气率的高低，以及是否具有竞争力的市场价格及开发成本。足够的资源量和技术可采量是煤层气开发利用具有经济效益的前提条件。规模化的产量、产气率的高低与煤储层的地质条件、资源条件有关；煤层气的开发成本与井型选择、井网布置方式、钻完井工艺以及集输方式有关；是否具有竞争力的市场价格和本地的经济、市场需求有关。

煤矿区煤层气井下抽采经济性受资源条件、抽采条件、抽采浓度、抽采量、集输方式、利用方式、政策因素、技术进步等多方面影响。此外还会受到市场经济条件影响。

4.1.1 地质因素

影响煤层气开发的地质因素主要有：煤层气资源量、煤储层物性条件、煤层埋藏深度、构造条件、煤层中地下水文条件等。

1. 煤层气资源量

决定煤层气资源量的主要因素有含煤面积、煤层厚度和含气量。一般而言，在同等条件下，含煤面积越大、煤层越厚、煤层含气量越高，目标区资源量就越大，其开发规模和开采年限就会越长，经济效益就会越好。

2. 煤储层物性条件

煤储层物性条件主要包括渗透率、煤储层压力和临界解吸压力。渗透率越大的煤层，排水降压越快，气体解吸速度越快，解吸的气体越多，产气量就相对较高。临界解吸压力与储层压力之比成为临储压力比，临储压力比越大，解析越容易，产量就越高，经济效益就越好。

3. 煤层埋藏深度

埋藏深度会影响煤层气气体组分和含量，同时也影响煤层的孔隙体积和渗透率。埋藏深度的增加还会造成钻井投资和操作成本的上升，从而影响煤层气开发的经济效益。

4. 煤层构造条件

煤层的构造条件，如断层、节理和褶皱，影响着气井的分布，会影响钻井压裂费用和水处理费用以及钻井成功率。构造类型的差异也会导致投资的变化，如向斜区的水产量相对较高，投资和成本也较大。

5. 地下水文条件

煤层气的形成、运移、富集和资源评价等各个方面都与地下水文条件有密切的关系。含水量较大时，煤层吸附的甲烷减少，此时水处理费用会增加，钻井压裂费也会增加。

4.1.2 开发方式

目前煤层气开发方式主要有三种：井下抽采、采空区抽采和地面钻井抽采。井下抽采产量有限，浓度较低，运输成本高，利用率偏低，规模化利用仍亟待加强；采空区产量相对较高，但是会逐渐衰减；而地面钻井抽采方案可以大大提高抽采效率，煤层气井的服务年限在12~20年左右，所以地面钻井开发煤层气是实现煤层气商业化开发的主要途径。随着开采技术的进步和对煤矿瓦斯事故的防范力度加大，如今煤矿开采前的地面抽采和煤矿开采后的废弃矿井抽采越来越多，地面抽采量将会不断增加。

煤层气地面钻井的井型主要有垂直井、L形井、U形井、水平井，井型的选择取决于不同的地质条件，如煤层厚度、渗透性、煤体结构等。因地制宜地选择合适的井型不仅可以节约成本，减少不必要的资源消耗，还可以保证成功率。不同井型的开发工程投资和经营成本不同，但都有投入资金量大、投资风险高、技术要求高和投资回收期长的特点。从钻井成本来看，垂直压裂井的成本相对较低，技术难度较小，开发风险也相对较低；从生产成本来看，单位面积的垂直压裂井成本相对较高；对井网开发而言，多分支水平井的山地作业优势明显。

4.1.3 集输方式

从气井采出的煤层气经过加热、降压、分离、增压、脱水、计量后，集中起来输送到输气干线或脱硫脱水厂的过程，称为煤层气的矿场集输。安全、高效的矿场集输能够有效降低煤层气在集输过程中的损耗，提高经济性。

地面抽采的高浓度煤层气集输方式主要有管道储运(PNG)、压缩储运(CNG)、液化储运(LNG)。影响煤层气地面集输成本的因素主要有：地面建设工程投资、调度控制中心、输气管网、集气站、压气站、集输管网、供电工程、供水工程、自控系统、和末站等支出。结合地面井开采方案简化地面集输工艺，对建设规模、设备选择、系统工程进行综合优选，可以有效地降低工程投资，提高经济效益。

对于井下抽采的有爆炸危险性的低浓度煤层气采用细水雾混合输送或气水二相流输送工艺。

4.1.4 利用方式

煤层气主要成分为甲烷，是一种多种用途、清洁高效的能源，主要用于发电、民用燃料和工业燃料、以及化工原料等。

1. 煤层气用作发电

煤层气发电具有效率高、污染少、占地少等优点，比煤炭发电效率要高出10%以上，不同浓度的煤层气可以通过不同的设备用来发电。煤层气发电一直以来是许多国家利用煤层气的主要途径之一。

2. 煤层气用作民用燃料

民用煤层气中的甲烷含量不得低于30%，煤层气民用系统一般由煤层气抽采泵、储气罐、调压站、输气管网和燃气管网等组成。煤层气作为民用燃料工艺简单、造价低、效益高。但是矿区居民少，所以管网建设的不足限制了民用的发展。

3. 煤层气用作工业燃料

煤层气可以代替工业煤气、天然气或燃煤来作为工业燃料，但要求气源近、气量大、浓度稳定。

4. 煤层气用作化工原料

高浓度煤层气可以作为化工原料气生产一系列化工产品，合成氨和甲醇是最重要的两种产品。

4.1.5 政策因素

煤层气开发利用有着良好的环境效益、清洁能源效益以及煤矿安全效益，有明显的正外部性，因此煤层气产业需要有利的政策、法规，以推动其快速发展。影响煤层气开发经济性的政策因素主要是财政补贴、税收优惠、碳交易政策。

我国制定了一系列煤层气开发的财政补贴办法，并不断地完善，这在经济评价中必须予以考虑。自2019年起，不再按定额标准进行补贴；采取“多增多补”的原则，对超过上年开采的利用量，按照超额程度给予梯级奖补；对未达到上年开采的利用量，按照未达标程度扣减奖补资金。同时，对取暖季生产的非常规天然气增量部分，给予超额系数折算。

此外根据中国的税法和煤层气产业优惠政策，煤层气开发应该缴纳的税费包括：城市维护建设税、教育费附加、所得税等。对于为执行合同所进口的设备和材料，按照国家有关规定给予减税、免税或者给予税收方面的其他优惠。

CDM机制是基于项目层面的温室气体减排机制，通过此机制，中国能通过与《京都议定书》附件Ⅰ国家的项目级合作，获得先进的煤矿区煤层气利用技术，获得实现减排温室气体所需的资金等。

如果煤层气开发利用能够被纳入碳排放权交易市场，那么碳排放权交易对煤层气项目的经济效益也会带来一定的影响：实行二氧化碳交易的情况下，随着二氧化碳交易价格的提高，项目IRR也会提高，项目IRR与二氧化碳交易价格成正相关关系。根据模型计算，对于中高浓度煤矿区煤层气利用来说，当二氧化碳交易价格达到24.4元/t，项目IRR基准收益率达到12%；对于低浓度煤矿区煤层气利用而言，当二氧化碳交易价格达到45.6元/t，其项目 IRR 基准收益率达到 12%；对于极低浓度煤矿区煤层气，当二氧化碳交易价格提高到 64 元/t，项目 IRR 基准收益率能达到 12%。如果二氧化碳交易价格继续提高，项目 IRR 会超过基准收益率，经济上可行。

4.2 煤矿区煤层气开发利用经济评价临界点

4.2.1 经济评价体系

净现值法作为一种动态的评价方法，能够反映资金的时间价值，可以用于判断项目的可行性。净现值法要求确定项目的资金流出和资金流入，资金流出包括：投资、生产成本、生产费用和税费，资金流入主要分为直接收入和补贴收入。

1. 投资

煤层气项目的投资主要煤层气建设投资、建设期贷款利息、流动资金。

建设投资包括固定资产投资、递延资产和预备费。固定资产投资包括钻井工程费用、地面工程费用和固定资产其他费用。

2. 生产成本

生产成本指的是煤层气开发过程中的支出，包括操作成本和折旧。操作成本包括生产运行所必需的材料费、燃料和动力费用、人员人工费等。

3. 期间费用

期间费用包括管理费、财务费和销售费用，分别指的是在行政管理和组织生产、筹集资金、销售产品过程中所发生的费用。

管理费用包括无形资产和递延资产摊销费、矿产资源补偿费、其他管理费用。财务费用包括利息支出、汇兑损失、手续费等。

4. 税费

煤层气开发应该缴纳的税费有所得税、城市维护建设税和教育费附加。

5. 收入

收入包括直接收入和补贴收入。直接收入就是销售煤层气商品所取得的收入，与煤层气产量、商品率和价格有关。补贴收入是指国家对煤层气项目的补贴，与煤层气产量、商品率和补贴政策有关。具体现金流入及现金流出组成如图 4-1 所示。

通过以上分析，可以得出：

(1) 煤层气开发总投资=建设投资+建设期贷款利息+流动资金+固定资产投资方向调节税。

(2) 建设投资=固定资产投资+无形资产+递延资产+预备费。

(3) 固定资产投资=工程费用+固定资产其他费用。

(4) 工程费用=钻井工程投资+地面建设工程投资。

其中，钻井工程投资分为 U 形井、垂直井、水平井多种方案，每种类型的投资有所不同。钻井工程的固定支出包括：钻前工程投资、测井工程投资、压裂工程投资和排采设备投资（不考虑钻井深度等因素对成本的影响）。

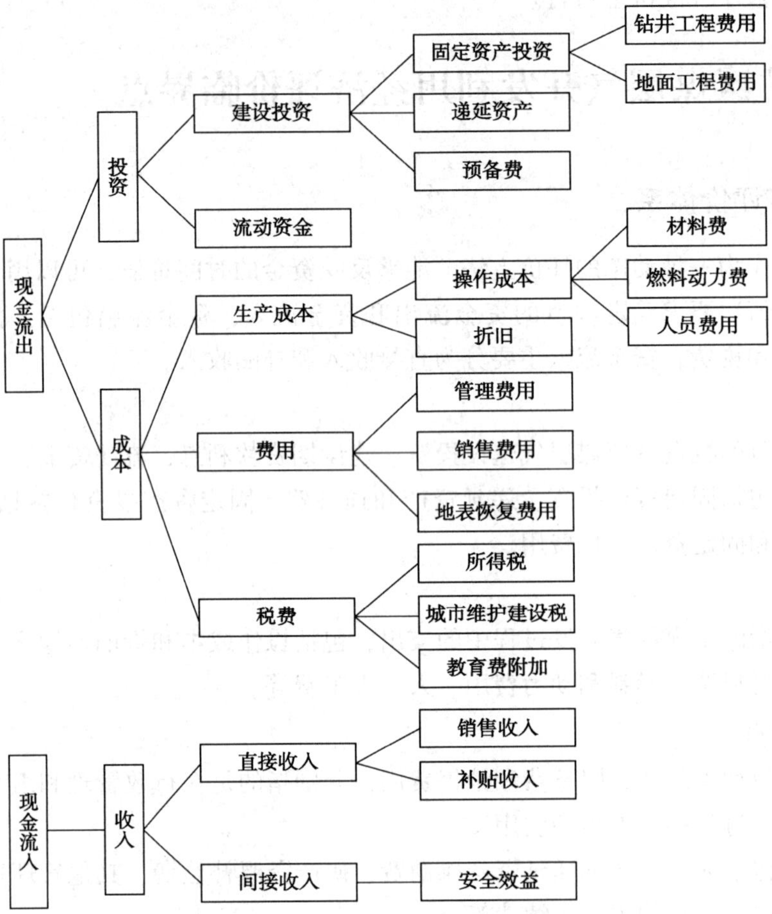

图 4-1　煤层气开发现金流入及现金流出组成

地面建设工程投资包括地面工程设计、调度控制中心、输气管网、集气站、压气站、集输管网、供电工程、供水工程、自控系统和末站等支出。

4.2.2　临界点分析

4.2.2.1　煤矿区煤层气开发工程临界点分析

1. 垂直井

在无财政补贴情况下，假定其他因素不变，分析单个因素变动对垂直井工程经济效益指标的影响。从图 4-2 可以看出，在三个不确定因素中，年销售收入是最敏感因素，投资额是最不敏感因素。建设投资降低 9%以下、或营业成本降低 6%以下、或年销售收入增长 3.7%以上时，能保障垂直井工程内部收益率在 12%以上，经济是实现盈利。

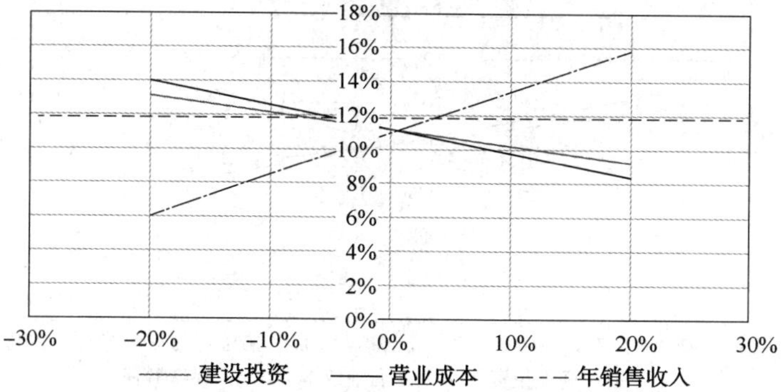

图 4-2　垂直井经济性临界点分析

2. 丛式井

在无财政补贴情况下，假定其他因素不变，分析单个因素变动对丛式井开发工程经济效益指标的影响。从图 4-3 可以看出，在三个不确定因素中，年销售收入是最敏感因素，投资额是最不敏感因素。建设投资降低 9%以下、或营业成本降低 6. 3%以下、或年销售收入增长 3. 7%以上时，能保障丛式井开发工程内部收益率在 12%以上，经济是实现盈利。

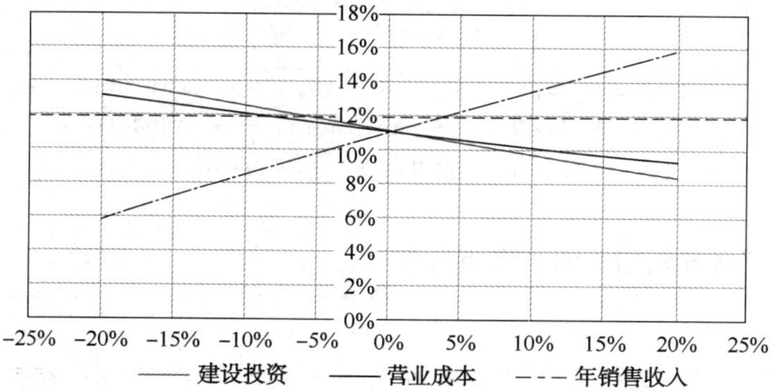

图 4-3　丛式井经济性临界点分析

3. 水平井

在无财政补贴情况下，假定其他因素不变，分析单个因素变动对水平井开发工程经济效益指标的影响。从图 4-4 可以看出，在三个不确定因素中，年销售收入是最敏感因素，投资额是最不敏感因素。建设投资降低 39%以下、或营业成本降低 30%以下、或年销售收入增长 19%以上时，能保障水平井开发工程内部收益率在 12%以上，经济是实现盈利。

4. U 形井

在无财政补贴情况下，假定其他因素不变，分析单个因素变动对 U 形井开发工程经济效益指标的影响。从图 4-5 可以看出，在三个不确定因素中，年销售收入是最敏感因素，投资额是最不敏感因素。建设投资增长 8. 9%以下、或营业成本增长 8. 2%以下、或年销售收入增长不低于-4%时，能保障 U 形井开发工程内部收益率在 12%以上，经济是实现盈利。

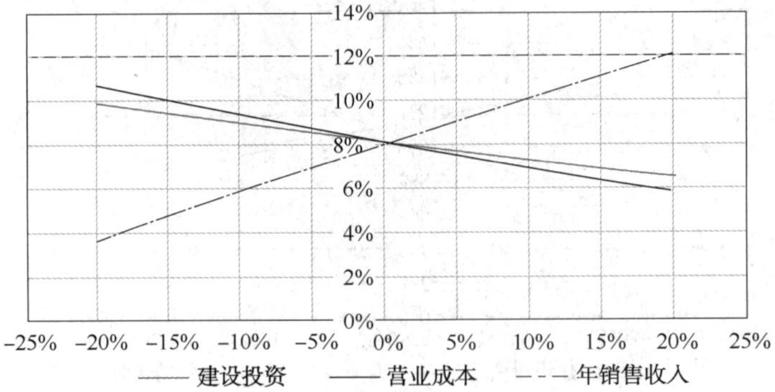

图 4-4　水平井经济性临界点分析

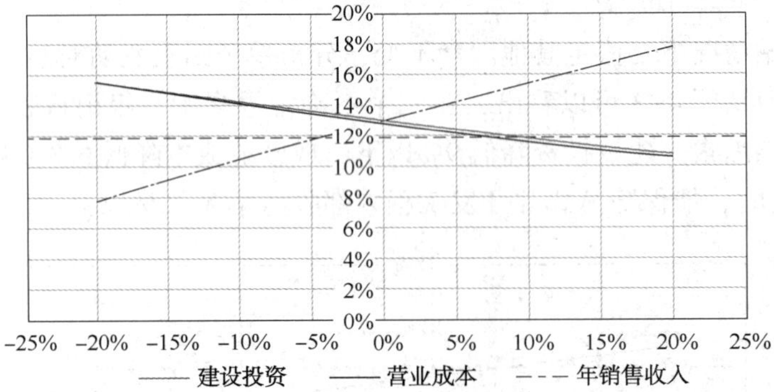

图 4-5　U 形井经济性临界点分析

4.2.2.2　煤矿区煤层气集输工程临界点分析

1. 管道集输

假定其他因素不变，分析单个因素变动对管道集输工程经济效益指标的影响。从图 4-6 可以看出，在三个不确定因素中，年销售收入是最敏感因素，投资额是最不敏感因素。建设投资增长 80%以下、或营业成本增长 8.6%以下、或年销售收入增长不低于-8%时，能保障管道集输工程内部收益率在 12%以上，经济是实现盈利。

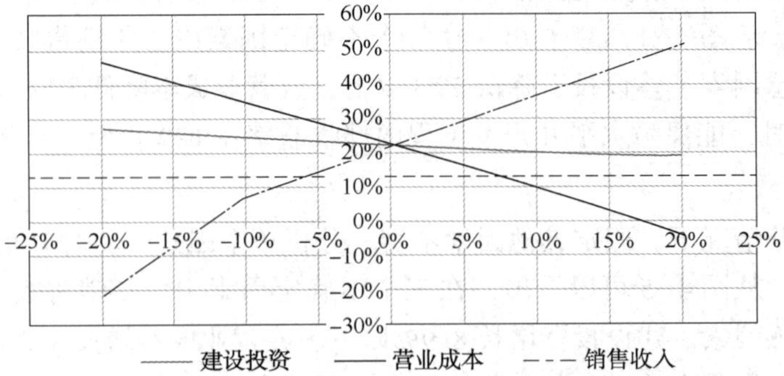

图 4-6　管道集输经济性临界点分析

2. CNG 集输

假定其他因素不变，分析单个因素变动对 CNG 集输工程经济效益指标的影响。从图 4-7 可以看出，在三个不确定因素中，年销售收入是最敏感因素，投资额是最不敏感因素。建设投资增长 2.5 倍以下、或营业成本增长 6%以下、或年销售收入增长不低于-6%时，能保障 CNG 集输工程内部收益率在 12%以上，经济是实现盈利。

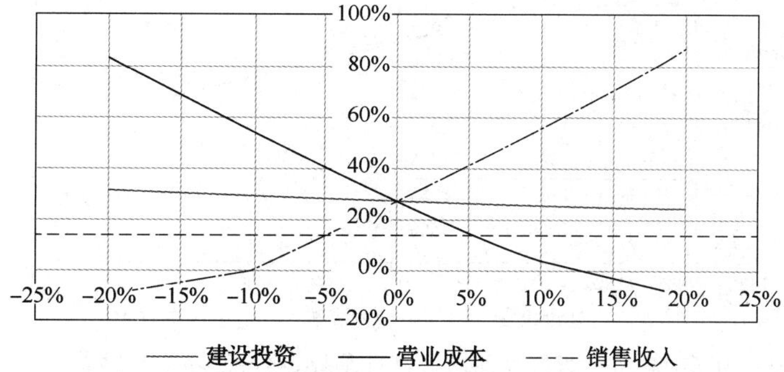

图 4-7 CNG 集输经济性临界点分析

3. LNG 集输

假定其他因素不变，分析单个因素变动对 LNG 集输工程经济效益指标的影响。从图 4-8 可以看出，在三个不确定因素中，年销售收入是最敏感因素，投资额是最不敏感因素。建设投资增长 1.6 倍以下、或营业成本增长 10%以下、或年销售收入增长不低于-8%时，能保障 LNG 集输工程内部收益率在 12%以上，经济是实现盈利。

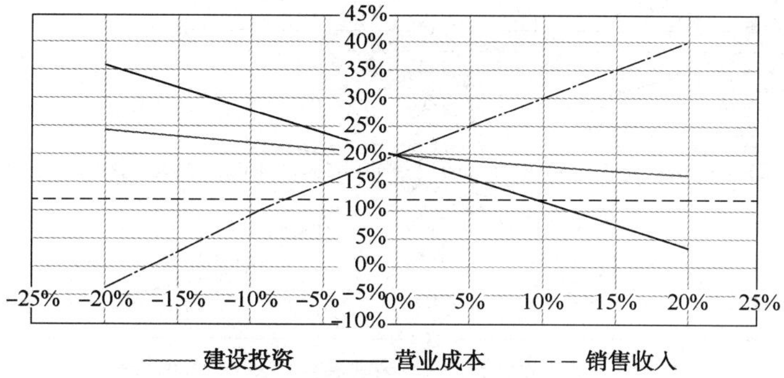

图 4-8 LNG 集输经济性临界点分析

4.2.2.3 煤矿区煤层气利用工程临界点分析

选取有代表性的中高浓度煤层气发电工程、低浓度煤层气发电工程、中浓度含氧煤层气液化工程、中浓度煤层气压缩制 CNG 工程开展临界点分析。

1. 中高浓度煤层气发电

若不考虑发电补贴，中高浓度煤层气发电无经济性，内部收益率均在-10%以下。在发电补贴 0.25 元/kW · h 情况下，假定其他因素不变，分析单个因素变动对中高浓度煤层气发电工程经济效益指标的影响。从图 4-9 可以看出，在三个不确定因素中，发电收入是最敏感因素，投资额是最不敏感因素。建设投资增长 2.4 倍以下、或营业成本增长 37%以下、或年销售收入降低 53%以上时，能保障中高浓度煤层气发电内部收益率在 12%以上，经济是实现盈利。

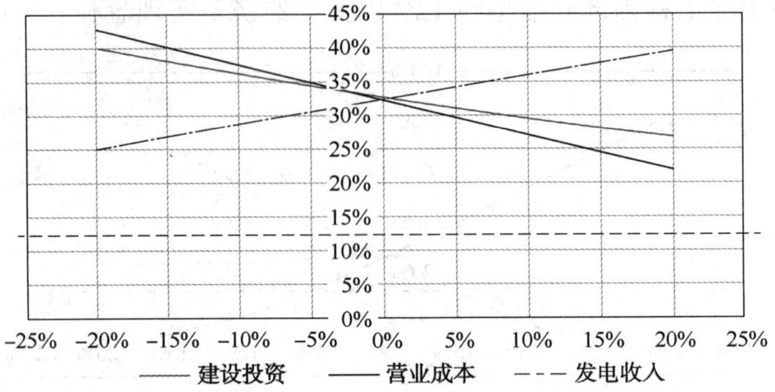

图 4-9　中高浓度煤层气发电经济性临界点分析（考虑补贴条件下）

2. 低浓度煤层气发电

若不考虑发电补贴，低浓度煤层气发电无经济性，内部收益率均在-10%以下。在发电补贴 0.25 元/kW·h 情况下，假定其他因素不变，分析单个因素变动对低浓度煤层气发电工程经济效益指标的影响。从图 4-10 可以看出，在三个不确定因素中，发电收入是最敏感因素，投资额是最不敏感因素。建设投资降低 75%以下、或营业成本降低 26%以下、或年销售收入增长 53%以上时，能保障低浓度煤层气发电内部收益率在 12%以上，经济是实现盈利。

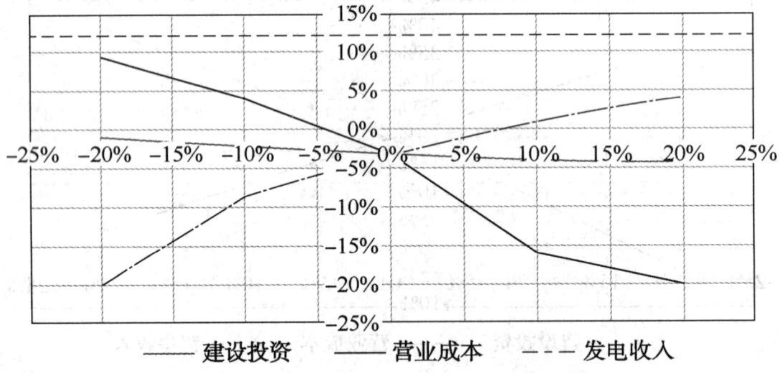

图 4-10　低浓度煤层气发电经济性临界点分析（考虑补贴条件下）

3. 中浓度含氧煤层气液化工程

在不考虑补贴情况下，假定其他因素不变，分析单个因素变动对中浓度含氧煤层气液化工程经济效益指标的影响。从图 4-11 可以看出，在三个不确定因素中，销售收入是最敏感因素，投资额是最不敏感因素。建设投资增长 22%以下、或营业成本增长 8%以下、或年销售收入降低 6%以下时，能保障中浓度含氧煤层气液化工程内部收益率在 12%以上，经济是实现盈利。

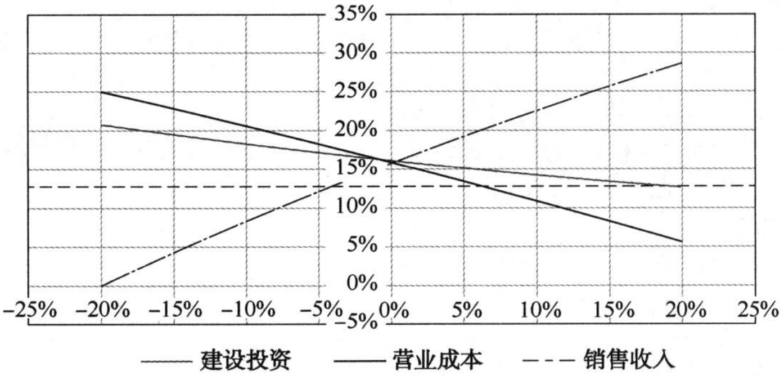

图 4-11　中浓度含氧煤层气液化工程经济性临界点分析

4. 中浓度煤层气压缩制 CNG 工程

在不考虑补贴情况下，假定其他因素不变，分析单个因素变动对中浓度煤层气压缩制 CNG 工程经济效益指标的影响。从图 4-12 可以看出，在三个不确定因素中，销售收入是最敏感因素，投资额是最不敏感因素。建设投资增长 12%以下、或营业成本增长 4%以下、或年销售收入降低 4%以下时，能保障中浓度煤层气压缩制 CNG 工程内部收益率在 12%以上，经济是实现盈利。

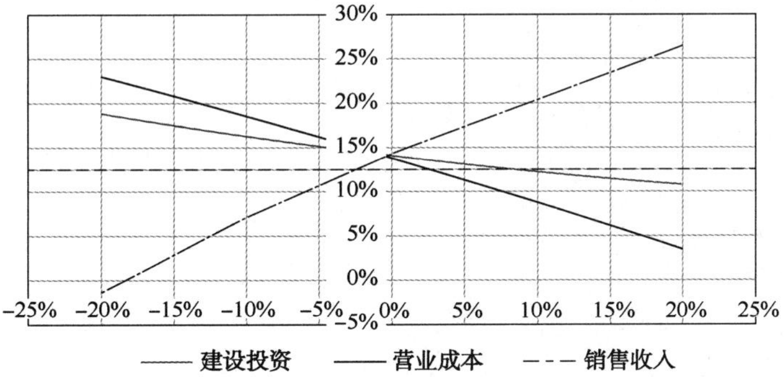

图 4-12　中浓度煤层气压缩制 CNG 经济性临界点分析

第 5 章

煤矿区煤层气开发利用全产业链发展战略研究

煤矿区煤层气产业是一个技术密集型行业，科技进步已经渗透到了勘探开发、集输和利用各个方面。煤矿区煤层气开发、集输和利用环节仍面临诸多难题亟待解决，必须从全产业链角度对煤矿区煤层气产业发展进行研究，提出煤矿区煤层气开发利用全产业链发展战略，为连续、精准抽采煤矿区煤层气资源，实现安全高效集输利用指明发展方向。

本章预测了我国煤矿区煤层气开发利用潜力，通过构建开发和利用潜力评价模型，基于现有技术发展情景和新技术突破情景，分别预测了到 2035 年，井下煤层气、采动区煤层气、关闭矿井煤层气抽采量，计算得出煤矿区煤层气抽采潜力和利用潜力，并提出中长期抽采量和利用量发展目标；研判了煤矿区煤层气科技发展趋势与科技需求，围绕“协调、增效、拓源、集约”指导思想，提出开发方面应重点在采动区煤层气抽采、关闭矿井、煤系气合采、井下智能提浓增产抽采等进行关键核心技术攻关；利用方面应重点在分布式经济高效利用上进行关键核心技术攻关；同时制定了面向 2035 年的煤矿区煤层气开发利用全产业链技术路线图。

5.1 煤矿区煤层气开发利用潜力预测

近年来，随着煤炭工业的快速发展以及国家对煤矿安全问题、温室气体排放问题的日益重视，煤矿区煤层气行业得到了快速的发展。尤其是“十一五”以来，煤层气开发利用迈上了新的台阶，大量煤层气资源通过天然气管道、压缩、液化等方式供城镇和矿区居民、工业用户使用。

5.1.1 煤矿区煤层气开发潜力预测

1. 煤矿区煤层气开发潜力模型

煤矿区煤层气抽采量主要受到抽采矿井煤炭产量、吨煤抽采量、关闭矿井抽采量的影响，具体可表述为：

$$Q=AM+Q_1+Q_2=cBA+Q_1+Q_2$$

式中 Q——煤矿区煤层气开发量，亿 m^3；
M——抽采矿井煤炭产量，亿 t；
A——吨煤抽采量，m^3/t；
c——抽采矿井煤炭产量占比，%；
B——煤炭产量，亿 t；
Q_1——采动区抽采量，亿 m^3；
Q_2——关闭矿井抽采量，亿 m^3。

2. 井下煤层气抽采潜力预测

1）煤层气抽采矿井煤炭产量预测

综合多家机构研究预测结果，2020 年至 2035 年期间，我国能源消费总量呈逐年增加趋势，但煤炭消费量占比呈降低趋势。预计 2025 年、2030 年、2035 年能源消费总量分别为 55 亿 tce、59 亿 tce、62 亿 tce，煤炭消费量占比分别为 51%、45%、40%；据此，预计 2025 年、2030 年、2035 年的全国煤炭消费量分别为 39.3 亿 t、37.2 亿 t 和 34.7 亿 t。

由于煤炭分布不均、部分地区用煤成本、煤质、煤种等问题，我国每年会进口一定数量的煤炭来满足煤炭消费需求。近十年来煤炭年进口量维持在 2 亿～3 亿 t 左右，2011—2020 年平均每年进口煤炭 2.7 亿 t，预计未来十五年左右煤炭供需缺口仍会维持在这个水平。因此预计 2025 年、2030 年、2035 年全国煤炭产量分别约为 36.6 亿 t、34.5 亿 t、32.4 亿 t。

随着矿井开采深度增加，抽采矿井数量会进一步增大，根据煤炭科学研究总院《煤矿区煤层气开发利用潜力研究》报告统计，当前煤层气抽采矿井煤炭产量占比约 43%，考虑到煤矿开采深度逐年增加带来的煤层气含量增加，煤炭抽采矿井数量占比会进一步增加，预计 2025 年、2030 年、2035 年需抽采煤层气矿井的煤炭产量占比分别为 44%、46.3%和 50%，2025 年、2030 年、2035 年煤层气抽采矿井煤炭产量分别为 16.1 亿 t、16.0 亿 t、16.2 亿 t。

2）吨煤抽采量预测

情景 1：现有技术发展情景

以全国 74 个典型煤矿煤层气抽采数据为样本，得到 2011—2014 年，煤矿区煤层气吨煤抽采量分别为 $7.43m^3/t$、$8.14m^3/t$、$8.49m^3/t$、$8.75m^3/t$。“十三五”期间，煤矿区煤层气主要抽采地区平均吨煤抽采量呈下降趋势，2016—2019 年，仅贵州、黑龙江等地区吨煤抽采量保持增长趋势，山西、安徽、河南等其他地区均存在不同程度下降；山西吨煤抽采量为 $6.64 \sim 7.64m^3/t$，贵州吨煤抽采量为 $15.59 \sim 24.09m^3/t$，安徽吨煤抽采量为 $5.38 \sim 7.16m^3/t$。综合考虑大量高瓦斯矿井和高突矿井关闭退出等各种因素，未来全国煤矿瓦斯抽采量趋于稳定，吨煤抽采量进入平台期预测，2025 年、2030 年、2035 年煤矿区煤层气吨煤抽采量分别为 $7.3m^3/t$、$7.2m^3/t$、$7.05m^3/t$。

情景 2：新技术突破情景

近年来，煤矿区煤层气抽采技术在国家油气重大专项的大力支持下取得了长足的进步，预计未来在技术攻关下，以瓦斯抽采主要地区 2019 年吨煤抽采量为基础，2021—2025 年按年增长 2%、2026—2030 年按年增长 1.7%、2031—2035 年按年增长 0.8%考虑，预测 2025 年、2030 年、2035 年煤矿区煤层气吨煤抽采量分别为 $8.2m^3/t$、$8.97m^3/t$、$9.2m^3/t$。

3）井下煤层气抽采量预测

根据上述相关数据，得到不同情景条件下的井下煤层气抽采量预测值，如图 5-1 所示。情景 1：2025 年、2030 年、2035 年的井下煤层气抽采量分别为 118 亿 m^3、115 亿 m^3、114 亿 m^3；情景 2：2025 年、2030 年、2035 年的井下煤层气抽采量分别为 132 亿 m^3、144 亿 m^3、149 亿 m^3。

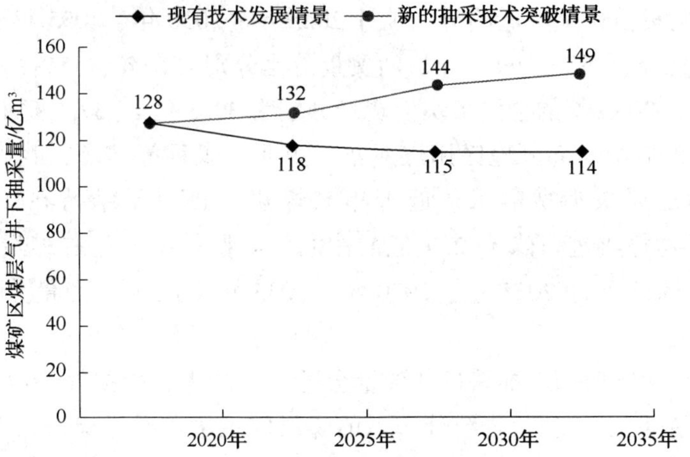

图 5-1　井下煤层气抽采量预测

3. 采动区煤层气抽采量预测

“十二五”期间，随着先进技术及装备的突破和发展，地面采动区抽采也取得了一定发展。截至 2019 年，晋煤、宁煤、两淮等矿区开展了地面采动区抽采相关作业，抽采量约 0.94 亿 m^3，其中晋城矿区 0.18 亿 m^3、宁煤矿区 0.26 亿 m^3、两淮矿区 0.50 亿 m^3。目前，采动区煤层气单井年产量稳定在 0.02 亿 m^3，随着技术的研发、完善和推广，预计 2025 年、2030 年、2035 年采动区布井数量将达到 500 口、750 口、1000 口井，预计抽采量达 10 亿 m^3、15 亿 m^3、20 亿 m^3。

4. 关闭矿井煤层气抽采量预测

随着我国关闭矿井数量大幅增加，关闭矿井内赋存的煤层气量急剧增加，据有关研究资料，目前关闭矿井数量约 5000 对，关闭矿井内的煤层气量高达 5000 亿 m^3，这将成为煤矿区煤层气抽采的一个新源头，具有较大的开发潜力。目前我国关闭矿井基本为未抽采煤层气，尚未开展相关技术研究。通过关闭矿井煤层气抽采技术的研发和推广，初步预计单井年抽采量 0.02 亿 m^3，假设单一关闭矿井地面井不低于 2 口，预测 2025 年、2030 年、2035 年关闭矿井抽采地面井数量分别为 150 口、1000 口、2500 口井；预计抽采量分别为 3 亿 m^3、20 亿 m^3、50 亿 m^3。

5. 煤矿区煤层气抽采潜力预测

根据上述影响因素数据得到不同情景条件下煤矿区煤层气抽采潜力，具体见表 5-1。

表 5-1　煤矿区煤层气抽采潜力

情景	时间/年	煤矿井下抽采量/(亿 m^3)			采动区抽采量/亿 m^3	关闭矿井抽采量/亿 m^3	抽采总量/亿 m^3
		吨煤抽采量/(m^3/t)	抽采矿井煤炭产量/亿 t	抽采量/亿 m^3			
情景 1（现有技术发展）	2025	7.30	16.10	117.53	10.00	0	127.53
	2030	7.20	16.00	115.20	15.00	0	130.20
	2035	7.05	16.20	114.21	20.00	0	134.21

续表

情景	时间/年	煤矿井下抽采量/(亿 m^3)			采动区抽采量/亿 m^3	关闭矿井抽采量/亿 m^3	抽采总量/亿 m^3
		吨煤抽采量/(m^3/t)	抽采矿井煤炭产量/亿 t	抽采量/亿 m^3			
情景 2(技术突破)	2025	8.20	16.10	132.02	10.00	3.00	145.02
	2030	8.97	16.00	143.55	15.00	20.00	178.55
	2035	9.20	16.20	149.04	20.00	50.000	219.04

综上所述，当煤矿区煤层气开发在现有技术发展情景下，预计 2025 年、2030 年、2035 年煤矿区煤层气抽采量分别为 128 亿 m^3、130 亿 m^3、134 亿 m^3；当煤矿区煤层气开发在新技术突破情景下，预计 2025 年、2030 年、2035 年煤矿区煤层气抽采量分别为 145 亿 m^3、179 亿 m^3、219 亿 m^3，如图 5-2 所示。

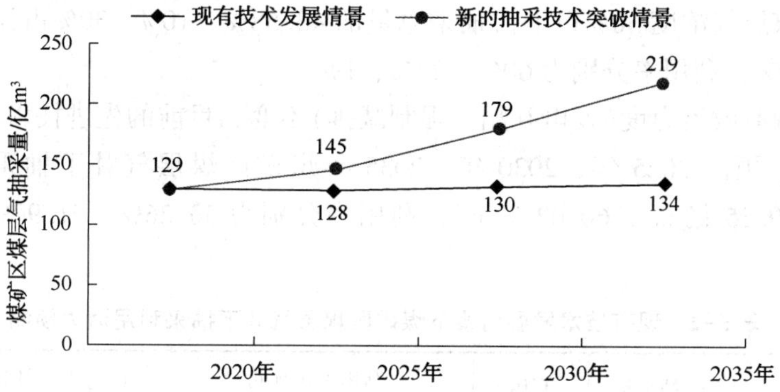

图 5-2 煤矿区煤层气抽采量预测曲线

参考情景 1(现有技术发展)与情景 2(新技术突破)下预测的煤矿区煤层气抽采量，取抽采量平均值为中间情景的抽采量，作为中长期煤矿区煤层气抽采量的发展目标。预计 2025 年、2030 年和 2035 年的煤矿区煤层气抽采量分别为 136m^3、154m^3、177m^3。

5.1.2 煤矿区煤层气利用潜力预测

我国煤矿煤层气利用还处在起步阶段，利用率普遍偏低。从 2011—2017 年，井下抽采煤层气全国平均利用率一直在 35%上下徘徊；2018 年井下抽采煤层气利用率首次突破 40%，2019 年、2020 年井下抽采煤层气利用率分别为 42.5%、44.5%。煤矿区煤层气利用潜力主要受经济效益、政策(发电补贴、强制减排)等因素影响。以下将采用不同浓度范围煤层气利用率增长模型，预测煤矿区煤层气利用潜力。

1. 煤矿区煤层气利用潜力模型

煤矿区煤层气利用量主要受到煤矿区煤层气抽采量、煤矿区煤层气利用率的影响。根据预测的抽采煤层气总量乘以各浓度段煤层气占比，计算可得出各浓度段煤矿区煤层气抽采量，乘以各浓度段的利用量占比预测值，计算得到总体利用量。具体可表述为：

$$U = \sum_{i=0}^{1} Q * \alpha_i * \beta_i$$

式中 U——煤矿区煤层气利用量，亿 m^3；

i——煤矿区煤层气浓度；

Q——煤矿区煤层气抽采量，亿 m^3；

α_i——煤矿区煤层气抽采量中浓度为 i 的抽采量占比，%；

β_i——浓度为 i 的煤矿区煤层气利用率。

2. 煤矿区煤层气利用潜力预测

情景 1：现有技术发展情景

1）井下煤层气抽采利用量预测

依据煤炭科学研究总院《煤矿区煤层气（煤矿煤层气）开发利用潜力研究》中对 74 对矿井样本统计，煤层气浓度 30%以上占抽采总量的 43.58%，10%~30%占比 28.65%，10%以下占比 27.77%，利用率分别为 60%、27%、1%。

倘若保持现有政策力度（发电补贴、强制减排）不变，目前的先进技术和装备正常推广应用的条件下，预测 2025 年、2030 年、2035 年煤矿区煤层气井下抽采利用量分别为 59.08 亿 m^3、59.35 亿 m^3、60.02 亿 m^3，利用率分别为 50.26%、51.97%、52.55%，见表 5-2。

表 5-2 现有技术发展情景下煤矿区煤层气井下抽采利用潜力预测

情景	浓度	抽采量占比/%	利用占比/%	利用占比预测/%			利用量预测/亿 m^3		
				2025 年	2030 年	2035 年	2025 年	2030 年	2035 年
情景 1（现有技术发展）	30%以上	43.58	60	80	81	82	40.98	40.67	40.81
	10%~30%	28.65	27	46	47	49	15.49	15.51	16.03
	10%以下	27.77	1	8	9	10	2.61	3.17	3.17
	合计						59.08	59.35	60.02
	利用率/%						50.26	51.97	52.55

2）采动区煤层气抽采利用量预测

预测 2025 年、2030 年、2035 年采动区煤层气利用率分别为 73%、75%、78%，利用量分别为 7.3 亿 m^3、11.25 亿 m^3 和 15.60 亿 m^3。

3）煤矿区煤层气抽采利用量预测

综上，现有技术发展情景下，预测 2025 年、2030 年、2035 年煤矿区煤层气利用量分别为 66.38 亿 m^3、70.60 亿 m^3 和 75.62 亿 m^3，利用率分别为 52.05%、54.22%、56.34%。如图 5-3 和图 5-4 所示。

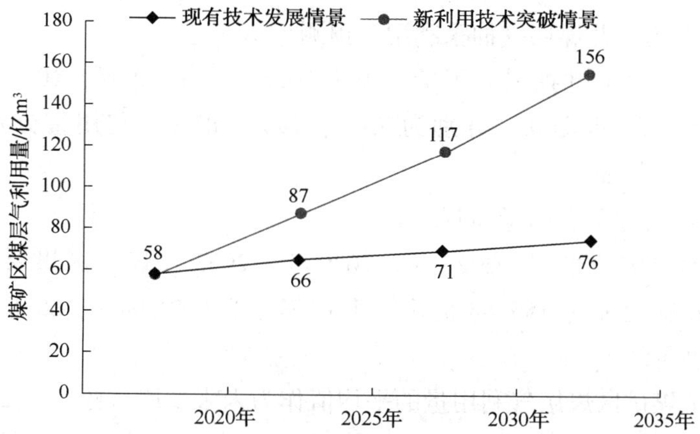

图 5-3 煤矿区煤层气利用量预测曲线

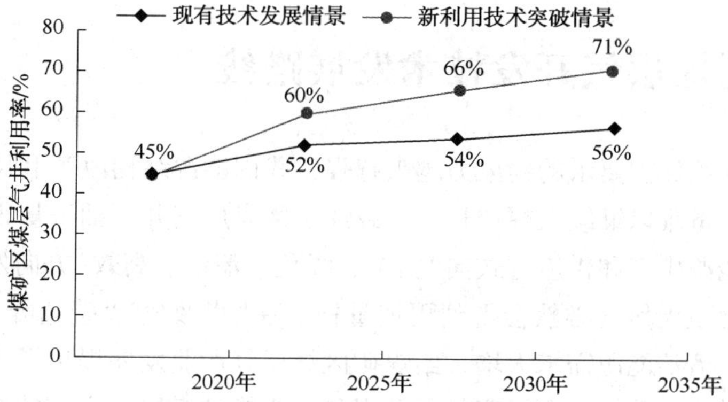

图 5-4 煤矿区煤层气利用率预测曲线

情景 2：新技术突破情景

1）井下煤层气抽采利用量预测

在新技术突破情景下，预期在 10%~30%浓度以及 10%以下浓度范围煤层气利用方面取得重大技术突破，并在积极政策(发电补贴、强制减排)促进、先进技术和装备大面积推广应用的条件下，2025 年、2030 年、2035 年煤矿区煤层气井下抽采利用量分别为 77.15 亿 m³、89.75 亿 m³、98.28 亿 m³，利用率分别为 51.76%、60.22%、65.94%，见表 5-3。

表 5-3 技术攻关情景下煤矿区煤层气井下抽采利用潜力分析

情景	浓度	抽采量占比/%	利用占比/%	利用占比预测/%			利用量预测/亿 m³		
				2025 年	2030 年	2035 年	2025 年	2030 年	2035 年
情景 2 (新技术突破)	30%以上	43.58	60	82	83	85	47.18	51.92	55.21
	10%~30%	28.65	27	55	60	65	20.80	24.68	27.75
	10%以下	27.77	1	25	33	37	9.17	13.15	15.31
	合计						77.15	89.75	98.28
	利用率/%						51.76	60.22	65.94

2）采动区和关闭矿井煤层气抽采利用量预测

考虑采动区和关闭矿井抽采利用量，预测 2025 年、2030 年、2035 年采动区和关闭矿井煤层气利用率进一步提高，分别为 75%、79%、85%，利用量分别为 9.78 亿 m^3、27.45 亿 m^3 和 57.6 亿 m^3。

3）煤矿区煤层气抽采利用量预测

综上，新技术突破情景下，2025 年、2030 年、2035 年煤矿区煤层气利用量分别为 86.93 亿 m^3、117.21 亿 m^3、155.88 亿 m^3，利用率分别为 59.94%、65.64%、71.16%，如图 5-3 和图 5-4 所示。

取两种情景下煤矿区煤层气利用量的平均值作为未来发展目标，即 2025 年、2030 年、2035 年煤矿区煤层气利用量分别为 77 亿 m^3、94 亿 m^3、116 亿 m^3，利用率分别为 56%、61%、66%。

5.2 煤矿区煤层气开发技术发展路线

近年来大气环境保护要求的约束力越来越强，我国能源结构改革和煤炭去产能政策的深入推进，煤炭产量难以继续大幅增长，导致煤矿区煤层气井下抽采量很难再保持高速增长态势。而随着能源生产和供应方式向“安全、绿色、清洁、高效”方向发展，包括煤矿区煤层气在内的非常规天然气必然会得到更加重视。在“煤改气”“碳达峰、碳中和”政策实施和不断推进下，清洁能源需求大增，给煤矿区煤层气产业发展提出了更高要求。面对煤矿区煤层气抽采量增长放缓和利用率较低的现状，为推动煤层气产业的健康发展，必须依靠科技进步突破产业发展中的诸多瓶颈。

煤矿区煤层气产业发展的需求是：增量、提质、智能、增效。

（1）增量，即增加煤矿区煤层气产量。只有增加产量，才是保持产业发展的根本。采动区、关闭矿井、矿井薄煤层等处赋存有大量的煤层气，当前迫切需要研发相关开发技术对这些区域的煤层气进行抽采。

（2）提质，即提高煤矿区煤层气的品质。我国煤矿区抽采的煤层气中，高达 55%左右的煤层气甲烷浓度小于 30%，这使得煤矿区煤层气很难得到集中高效的利用。要促进产业发展，务必提高煤矿区煤层气品质。

（3）智能，随着人工智能技术的发展，各类抽采措施的高度自动化、智能化已成为趋势，如煤层气井下抽采钻进将逐步发展为多级协作和闭环控制的自适应钻进，增渗方式向区域化增渗和无人化智能化增渗方向发展等。

（4）增效，即提高煤层气开发利用的效率和经济性。

针对以上需求，提出了四大技术发展序列：煤矿采动区煤层气分区联动地面井抽采技术、关闭矿井地面井抽采煤层气技术、煤矿区煤系气合采关键技术、煤矿区井下煤层气智能提浓增产抽采技术。

5.2.1 煤矿采动区煤层气分区联动地面井抽采技术

1. 科技需求

煤炭采动影响后会解吸出大量的煤层气，据测算，采动区煤层气资源量为500亿~800亿 m^3，而现有采动区煤层气抽采量不足1亿 m^3，对这部分煤层气进行抽采可以大大增加煤矿区煤层气抽采量。

采动区地面井抽采技术是一种抽采效率高、易大规模推广实施的新技术方法。通过大型油气田及煤层气开发国家科技重大专项实施，在地面井抽采采动区煤层气方面取得极大成功。经过“十一五”以来的攻关，采动区煤层气地面开发技术取得重要进展。攻克了地面直井在多次采动影响下的井身设计及防护、地面L形煤层顶板水平井水平层位优选、地面井群抽采联动控制等方面的技术难题，完成了穿越既有采空区施工下组煤抽采钻孔的大功率钻井、定向钻进和破碎区局部反循环钻进等技术，形成了山地等大起伏条件下钻井模块化设计、液压控制及便捷运输等技术，找到了确定采动稳定区空间边界范围的方法，解决了采动稳定区内裂隙结构分布及储气体积准确计算的难题，形成了采动稳定区煤层气资源评估关键计算参数测试和富集片区优选的技术，基本解决了采动稳定区破碎带内钻井塌孔、卡钻、套管下入困难、成井率低等技术难题，初步形成了采动区煤层气地面井高效抽采技术。

但大部分成果主要适用于中浅部煤层开采矿区条件，且地面井稳定性不高。近年来，煤炭开采中东部往深部转移、煤炭战略布局往西部倾斜是必然发展趋势，高强度开采、无煤柱开采、大倾角煤层开采等将是未来煤炭开采的新特点。采动井煤层气抽采作为煤层气开发的重要手段，提高采动井的可靠性、采动井抽采效率、科学优化跨时域的采动井抽采技术是采动井煤层气抽采亟须解决的关键技术难题，亟须形成一套煤炭开采新特点条件下的分区联动地面井煤层气抽采技术。

2. 发展目标

以强化地面井安全、连续、精准抽采优质煤矿区煤层气资源为主线，以达到地面可靠连续抽采为目的，在目前地面采动区煤层气抽采量约1亿 m^3 的情况下，大幅增加采动区煤层气抽采量。

3. 技术发展方向

1）地面采动定向井稳定持续抽采技术及装备

（1）地面异形定向井钻进、固井、完井工艺及配套装备。

针对高含水地层、大倾角地层、多变岩性地层等复杂地质条件，涉及钻进高效堵漏、精准控制钻进轨迹、安全固井、含水地层套管破断后仍然能够持续采气、不影响井下煤炭开采等一系列难题；利用L形、S形等复杂井型“定向多变”地面井钻进轨迹，避开难以钻进或防护的构造区或含水地层；研制适合异形定向井的钻进配套装备，确定合适的固井工艺，形成安全可靠的完井技术及配套装备。

（2）地面异形采动定向井段阻塌防断技术及装备。

地面异形定向井能够实现对开采工作面涌出瓦斯的高效抽采，但由于异形地面井结构较为复杂，受覆岩的作用易产生局部集中力，需要对异形地面井受覆岩的作用的力学特征进行理论分析。在高强度开采影响下其水平生产井段在工作面推过后快速垮塌破断，无法持续抽采采空区内部集聚瓦斯，有必要开发新型布井、完井技术或套管筛管护孔材料工艺与装备，实现生产井段在工作面推过后“破而不断、断而不堵”。研制防塌钻井液，缓解水平井段塌孔现象，提高该类井型的抽采效果。

2）地面井“排抽一体”煤层气连续开发技术

通过对“排抽一体”地面井损坏机理研究，结合“十一五”~“十三五”采动区地面井相关研究成果，研发“排抽一体”地面井井型结构、完井技术或套管筛管护孔材料工艺，开发地面井全息探测与修复抽采工艺与装备，研究采动稳定区空间储物“可视”探测及地面井二次强化抽采技术，研发智能化模块式联动抽采装备，最终实现“以井代巷”的地面井智能规模化抽采。

（1）“排抽一体”井型结构及钻固护抽技术及装备。

“排抽一体”地面井连续经历排水降压及负压抽采不同开发工艺，排水降压阶段井壁套管易发生“挤毁”“磨损”静载破坏，负压抽采阶段套管易发生“拉伸”“剪切”动载破坏，对井型结构适用性及套管性能提出更高要求，通过研究“排抽连用”地面井损坏机理，研发高性能套管型材、新型井身结构及相应的钻固护抽配套工艺及装备。

（2）地面井变形破坏全息探测与修复抽采技术及装备。

对“排抽一体”地面井变形及破坏井段实现快速全景实时或三维反演探测，明确破坏方式及原因，针对不同破坏方式提出改造修复方案或者后续开发补救措施，研发智能化模块式联动抽采装备，实现采动井的规模高效持续抽采。

（3）采动稳定区空间储物“可视”探测及二次强化抽采技术。

研究采动稳定区空间结构镜像反演、空间储物物性参数精准探测技术及装备，使采动稳定区透明、可视；开发储层储存能力评估甚至修补工艺、材料，对产气不足井进行注气、注热等二次强化抽采工艺，提高采动稳定区煤层气资源采出率。

3）待建矿井碎软突出煤层煤层气地面高效抽采技术

新建矿井“先抽后建”是我国为了保障煤矿建设安全和煤层气开发利用于2015年提出的。2016年颁布的《煤矿安全规程》明确提出了有突出危险性煤层的新建矿井必须进行地面钻井预抽，做到先抽后建，且要求对首采区突出煤层预抽率应达到30%以上。新建矿井提出“先抽后建”的要求是要从源头上消除矿井建设期间煤与瓦斯突出危险性，实现本质安全型矿井建设的最终目标。

我国碎软煤层广泛分布，而碎软煤层发育区往往为高瓦斯、突出矿井，因此，未来将有大量的新建矿井需开展“先抽后建”工作。碎软突出煤层渗透性差、瓦斯含量高，钻进过程中很容易出现垮孔、卡钻、喷孔等现象。现有的新建矿井碎软突出煤层煤层气开发技术装备主要是沿用常规煤层气地面开发的相关技术及装备，不能满足我国新建矿井首采区碎软突出煤层煤层气开发在“时间–空间–安全”上的迫切需求。而国际上其他产煤国家对矿井建设并没有“先抽后建”的相关要求，也没有可对标的相关煤层气开发技术。所以当前亟须研发待建矿井碎软突出煤层煤层气地面高效抽采技术。

针对新建矿井首采区碎软突出煤层中的煤层气开发在“时间–空间”上的迫切需求，攻关研发“先抽后建优化设计、突出煤层井筒(巷道)快速抽采技术、工作面单井全覆盖煤层水平井分段压裂开发技术、首采区煤层气“井工厂”高效开发技术、多煤层多台阶水平井煤层气一体化开发技术等煤层气高效开发技术，从点、线、面、体多维度实现新建矿井首采区碎软突出煤层中的煤层气的高效、经济开发。

4）薄煤层难采煤区煤层气地面抽采关键技术

近年来，随着我国中厚煤层大量开采，东部老矿区可采煤层储量急剧下降，生产接续和资源平衡开采的矛盾日益突出，薄煤层高效开采问题日益受到重视。由于薄煤层开采空间小、效率低、工人劳动强度大、安全事故多、经济效益低下，致使大量薄煤层煤层气资源处于搁置状态。地面井抽采是解决薄煤层难采煤区煤层气抽采的关键途径，能够有效地实现煤与煤层气协调开发。

4. 技术路线及应用成效

综上，2021—2035 年煤矿区煤层气分区联动地面井抽采技术路线及应用成效见表 5-4。

表 5-4　煤矿采动区煤层气分区联动地面井抽采技术路线及应用成效

	2021—2025 年	2025—2030 年	2030—2035 年
地面采动定向井稳定持续抽采技术及装备	研发复杂异形井(S 形、V 形)钻进配套装备，基本具备钻进能力；地面异形井受覆岩作用的力学特征进行理论分析，研制防塌钻井液，基本形成防断技术及装备	确定合适的固井工艺，形成安全可靠的完井技术及配套装备；研制地面异形采动井的柔性防断工艺装备，形成防断技术及装备	形成地面异形定向井钻进、固井、完井工艺及配套装备；形成地面异形采动定向井段阻塌防断成套技术及装备
地面井“排抽一体”煤层气连续开发技术	研发高性能套管型材、新型井身结构及相应的钻固护抽配套工艺，形成地面井变形破坏全息探测技术与装备	研发“排抽一体”井身结构配套钻固护抽装备，研发出地面井变形破坏改造修复技术与装备，开发储层储存能力评估甚至修补工艺、材料	研发智能化模块式联动抽采装备，形成采动稳定区空间结构及物性参数镜像反演探测技术及装备，提出地面井二次强化抽采工艺，实现“以井代巷”智能抽采技术与装备体系，工程示范
待建矿井碎软突出煤层煤层气地面高效抽采技术	研究碎软突出煤层煤层气运移规律、压裂裂缝扩展机理，解决碎软突出煤层中定向钻孔长距离成孔、高应力条件下钻孔成孔问题，形成成套开发技术工艺	开发适用于碎软突出煤层的地面井钻井的绿色、高效开发技术与装备	形成待建矿井碎软突出煤层煤层气地面高效抽采技术，工业示范

续表

	2021—2025 年	2025—2030 年	2030—2035 年
薄煤层难采煤区煤层气地面抽采关键技术	确定并优化薄煤层难采煤区地面井抽采煤层气技术参数，并进行钻孔优选、瓦斯抽采系统关键技术模拟，研究薄煤层难采煤区地面井抽采煤层气过程中的煤层气流动规律	研究薄煤层难采煤区煤层增透机理，研发关键地面井抽采技术和装备，形成薄煤层绿色安全高效的抽采技术及配套技术和装备	形成安全、高效的成熟技术装备体系，示范工程建设，总结推广应用
应用成效	形成地面采动定向井煤层气抽采成套开发技术工艺	实现薄煤层难采煤区煤层气资源的有效利用；实现单井运行时间覆盖工作面瓦斯治理周期，试验矿区工作面煤层气抽采量提高 25%以上	地面井完井成功率不低于 90%，单井抽采量不低于 250 万 m^3，单井平均抽采服务年限 3 年以上；实现新建矿井首采区碎软突出煤层煤层气开发在“时间-空间-安全”上的协调，开发一批高效、低成本的碎软突出煤层煤层气开发技术与装备，满足高瓦斯、突出煤矿的新建采区“先抽后建”的需求；对首采区突出煤层预抽率达到 30%以上，推动煤矿区煤层气开发和煤矿安全建设与生产

5.2.2 关闭矿井地面井抽采煤层气技术

1. 科技需求

关闭矿井是指资源枯竭后关闭的矿井和去产能关闭的矿井。其中残留的煤炭资源及遗留空间，赋存了大量的煤层气资源，对这部分煤层气资源进行开发利用，不但可以开发利用清洁能源，也可以大大降低其潜在的隐蔽灾害。围绕关闭矿井的开发利用，美国、德国、英国等发达国家已经开展了大量的探索性研究工作，制定了关闭矿井关闭的相关规定，开发了关闭矿井煤层气抽采的技术和装备，如欧洲 RFCS 计划框架内完成的 Flominet 项目开发出 Boxmodel 数值模型，对气-水耦合流动以及热传输等，在德国鲁尔、英国曼斯菲尔德、美国等矿区成功地实现了商业化开发。国外一些废弃矿井通过煤层气资源开发、土地复垦、地下空间利用和经济转型，一跃成为新兴的工业区和游览区等。

我国的关闭矿井数量众多，预计到 2030 年我国关闭矿井数量将达 1.5 万处，我国关闭的高瓦斯矿井主要分布在重庆、湖南、贵州、云南、四川、山西、江西、安徽等地区，尤其以贵州、重庆以及湖南等地区关闭高瓦斯矿井最多。早在 1998 年，西安研究院和英国诺丁汉大学等单位合作，在英国贸工部清洁能源项目的支持下，开始了废弃矿井煤层气资源评价、开发等技术研究。“十五”期间，西安研究院等单位依托国家科技攻关项目，开展了全国关闭矿井调研，并在陕西铜川进行了关闭矿井煤层气开发技术研究及工程试验。但是由于地质条件复杂、矿井充水、闭坑不规范等问题，没有取得明显进展。研究成果显示，矿井充水是关闭矿井煤层气开发的主要障碍，矿井空间分布和连通性对关闭矿井煤层气的赋存和产出有着重要影响。

近年来山西省在关闭矿井煤层气开采方面取得了重要进展。开展煤炭采空区(关闭矿井)煤层气抽采试验，有效开发利用采空区(关闭矿井)煤层气资源，已成为山西能源革命综合改革试点的一项重要任务。为推进关闭矿井煤层气资源开发利用，印发了《关于开展煤炭采空区(废弃矿井)煤层气抽采试验有关事项的通知》，发布了《煤矿采空区(废弃矿井)煤层气地面抽采安全规范》等政策文件。截至目前，全省关闭矿井采空区已累计施工抽采井100余口，抽采利用煤层气1.28亿m^3，相当于减排二氧化碳192万t，起到了良好的示范作用。

经过近20年对关闭矿井煤层气抽采利用相关技术的研究和对国外成功案例的解剖分析，国内的关闭矿井煤层气抽采相关技术已经与国外技术同步。但是由于受我国地质条件复杂、关闭矿井管理不到位等因素的影响，国外技术并不适用于国内的需求，亟须研究更为精确、安全、高效的关闭矿井煤层气抽采技术，实现我国关闭矿井煤层气的安全高效抽采和商业利用。目前我国在关闭矿井煤层气抽采方面的优势主要体现在对煤矿的地质认识较深、抽采相关技术齐全。短板主要体现在尚未形成完善的关闭矿井资源综合调查和地质评价理论与技术体系，关闭矿井资料管理混乱，现有成熟抽采技术不能适应关闭矿井的实际条件，没有形成成套的安全高效抽采技术。所以需要在进一步对关闭矿井煤层气资源特征认识的基础上，结合实际情况和需求研发适用的工艺技术和装备。

2. 发展目标

能够准确预测我国的关闭矿井煤层气资源量和估算抽采量；到2025年查清全国主要关闭矿井煤层气资源量，在典型关闭矿井进行技术示范；到2035年抽采关闭矿井煤层气50亿m^3。

3. 技术发展方向

1）关闭矿井煤层气资源评价及“甜点”优选技术

重点围绕煤炭主要产区，开展我国关闭矿井进行排查摸底，初步查清主要关闭矿井煤层气资源量和分布情况；研究关闭矿井煤层气资源赋存规律和影响因素，例如煤层气资源的计算范围，矿井的充水情况，井巷空间分布及连通性、井下空间的密封性、剩余气含量等；建立关闭矿井煤层气资源量评价方法和产能预测模型，对全国关闭矿井煤层气资源进行评价，优选典型有利开发区块和甜点的关闭矿井。

2）关闭矿井煤层气资源探测、开发技术及装备

在煤矿采动复原与模拟的基础上，研发基于时延、三分量、全数字、“两宽一高”的高精度三维多波地震勘探技术与装备，对关闭矿区进行四维地震勘探，为地面抽采孔布设提供依据；研发高精度地-孔、孔间物探技术、钻孔多参数测井和三维扫描成像技术等，实现“一孔多用”；建立地面、孔中一体化的多参数监测系统，监测关闭矿井煤层气抽采过程中的动态变化。研发多维多分量地震勘探和AVO、AVA的分析方法，综合利用纵波、横波信息解释关闭矿井煤层气开发区的岩性特征及气水分布范围。

(1) 矿井立体全空间精准探测技术与装备。

发展具有背景噪声自动识别并能根据反馈结果智能调整数据采集方式及参数的探测系

统，依托完善的专家系统和量子计算，能够智能快速数据处理解释实时显示立体探测结果。

（2）矿井"呼吸"监测技术及装备。

矿井关闭后，随着大气压的变化，其采空空间会"呼"出或"吸"入气体，造成资源的自然损失。如需估算资源量，这部分损失可不容忽视。通过对矿井"呼吸"特征的认识，得到矿井关闭后的资源损失规律，形成对现存关闭矿井资源的准确预测。要解决上述问题，高精度气体流量监测工艺及装备急需研发。

4. 技术路线及应用成效

综上，2021—2035 年关闭矿井地面井抽采煤层气技术路线及应用成效见表 5-5。

表 5-5　关闭矿井地面井抽采煤层气技术路线及应用成效表

	2021—2025 年	2025—2030 年	2030—2035 年
关闭矿井煤层气资源评价及"甜点"优选技术	关闭矿井煤层气资源的范围界定；研究关闭矿井煤层气赋存、运移与富集规律和影响因素，建立关闭矿井煤层气资源量评价方法和产能预测模型，实现关闭矿井煤层气资源量评价	关闭矿井煤层气"甜点"预测评价与优选	关闭矿井煤层气资源规模化开发
关闭矿井煤层气资源探测、开发技术及装备	研究形成关闭矿井煤层气资源精细探测与高效开发技术装备体系，建立形成成熟的勘探技术规范和工艺流程	关闭矿井煤层气资源开发技术与装备研发	关闭矿井煤层气资源开发技术与装备完善
应用效果	实现关闭矿井煤层气资源精确评价，查清全国主要关闭矿井煤层气资源量；解决关闭矿井充水处理难题，初步实现关闭矿井煤层气资源的精准高效开发	建设关闭矿井煤层气开发示范工程	实现关闭矿井煤层气资源规模化开发

5.2.3　煤矿区煤系气合采关键技术

1. 科技需求

所谓煤系气，是指含煤地层中的煤层气、页岩气和致密砂岩气的统称，属于非常规天然气。全球非常规天然气资源丰富，合计近 4000 万亿 m^3，是常规天然气资源量的 8.3 倍；煤层气、页岩气、致密砂岩气总资源量是常规天然气资源量的 1.96 倍。我国煤炭开采深度不断增加，煤矿区煤层气开发也逐渐迈向深部，由以前的埋深 600~800m 逐渐增加到 1000~1200m。截至 2020 年底，全国煤层气累计探明地质总量 7260 亿 m^3，钻井总数 20000 口左右，地面年产量 68 亿 m^3，平均单井日产量约 $930m^3$，首次总体上达到工业气流标准。若加上煤系致密砂岩气，2020 年全国煤系气产量达到 102 亿 m^3，构成了我国天然气年产量的重要组成部分。

“三气”共采，是指针对含煤岩系厚层状复合型天然气产层，根据不同地区“三气”共生的特点，选择合适的技术综合开发天然气资源，实现低成本、高效益和资源的高采收率。若预先未实施多气共采，煤系地层的致密气、页岩气等非常规气还将源源不断涌入采掘工作面，造成瓦斯灾害威胁。伴随着煤炭的采掘作业，仍可能向大气大量排放甲烷，形成温室效应。因此，建矿或采煤前先进行煤系地层内煤层气、致密气、页岩气三气共采，才能从根本上防治煤矿瓦斯事故，有效减排煤炭开采时释放的温室气体。

含煤岩系“三气”综合开发，尚有很多技术问题需要解决，如“三气”共生特点、共生机理的深入研究，综合开发技术的适配性优选等。因此，“三气”共采具有极大的探索性、挑战性和创新性。深部煤系气协同开发面临的问题主要是目前仍以单项气资源开发为主，在协同开发技术储备方面存在不足，虽然个别区域实现单井产量突破，但整体来讲，煤系气协同开发难度仍非常大，给煤系气产业的快速发展带来了挑战。

在国外，单项油气开发一般可以满足其应有的经济效益，其中以北美地区的页岩气开发最具有代表性。对于煤系气的协同开发，目前国外并不重视，也未开展深入的研究，美国也仅仅在2001年之后的几年时间内在皮森斯盆地白河隆起完成了由煤层气与致密砂岩气共采的共采测试，并未采取大规模的研发生产。随着对煤系气的协同开发的重视，煤系气的协同开发技术将获得长足的发展。

近年来，我国加强了煤系气协同开发的研究工作，尤其是“十三五”以来，启动了煤系气国家科技重大专项项目以及相关的重大重点科技计划，推动了煤系气共生成藏、共探合采技术的发展和示范基地的建设。煤系气开发技术由单一气体储层压裂排采转向了多类型多储层分压合采及合压合采。国内煤系气开采由单纯的煤层气拓展到了煤系页岩气、煤系致密砂岩气乃至多气合采，并开展了勘查与开发试验工作。勘探开发和示范基地建设由先前的鄂尔多斯盆地东部扩展到黔西地区，四川、新疆、黑龙江等省区实现了单井高产气流的新突破，煤系气勘查与开发试验也受到内蒙古、湖南、河南等省区的广泛关注。

经过近30年对煤层气、页岩气等煤系气开发相关技术的研究，国内的单项煤系气开发相关技术已经与国外技术基本同步。在煤系气协同开发也已经开展了一定的理论研究和开发试验工作，但总的来说煤系气协同开发仍处于起步阶段，现有的技术仍不能满足煤系气高效协同开发的需求，特别是针对不同压力梯度下的煤系气如何实现协同开发仍是难题。

2. 发展目标

突破深部煤系气协同开发技术，形成适合我国深部煤系气协同开发的成套技术和装备，将煤系气资源数量优势转变为国家天然气供给的保障优势。

3. 技术发展方向

1）煤系气储层特性精准探测与评价技术

与常规油气相比，煤系非常规气有着不同的地球物理响应特征。用于常规油气储层的地震探测技术，并不能很好地适用于煤系非常规气储层探测与评价。为了有效地探测和评价煤系“三气”储层及含气性，同时降低勘探成本、提高气藏开发效益和资源采收率。需研究煤系“三气”储层的厚度和含气富集区的探测等基础技术和理论，开发符合煤系气特征的煤系气储层特性精准探测与评价技术。

2）不同压力体系下煤系气原地合采技术与装备

不同煤系储层下压降梯度的差异显著将导致同压力体系合采工艺在煤系气合采作业过程中限制较大。为提高三气合采效率，需研发适用于不同压力体系下的煤系气原地合采技术与装备。

3）采动卸压条件下煤系气时-空协同抽采技术

卸压条件下，煤系气在煤岩体中的运移过程非常复杂，国内外学者在该领域针对瓦斯运移规律做了大量的研究，提出了煤层瓦斯渗流-扩散理论、煤层卸压瓦斯越流理论以及瓦斯在裂隙场中的升浮-扩散规律等理论。然而卸压条件下煤系气分区富集规律方面的研究较少，单一的方法很难解决煤系气涌出的问题。研究邻近层煤系气富集和运移规律，提出煤系气时空协同抽采技术利于控制邻近层采动卸压煤系气涌出，降低工作面风流瓦斯浓度，提高煤系气抽采量和抽采率、工作面推进效率，对实现矿区的安全、高效和绿色开采有着积极的经济、社会和环境意义。

4）煤炭与煤系气资源四维协调开发设计平台

形成基于井下工程的煤系气高效抽采技术体系框架，结合生产实际，建设煤矿井下煤系气规模化抽采以及煤与煤系气协调开发智能平台。

4. 技术路线及应用成效

综上，2021—2035 年煤矿区煤系气合采关键技术路线及应用成效见表 5-6。

表 5-6 煤矿区煤系气合采关键技术路线及应用成效表

	2021—2025 年	2025—2030 年	2030—2035 年
煤系气储层特性精准探测与评价技术	煤系气赋存地质因素分析，揭示煤系气赋存状态、成藏机理与解吸机制，形成深部煤系气优质储层精细描述及可改造性评价等技术	煤系气资源评价及有利区块优选	煤系气储层特性精准探测技术
采动卸压条件下煤系气时-空协同抽采技术	探索采动卸压条件下煤系气开发地质原理与技术基础，形成采动卸压条件下煤系气协同抽采技术基础	深部采动条件下煤系气共存特性和赋存规律	围岩储层可改造性及增产技术
不同压力体系下煤系气原地合采技术与装备	形成煤系气高效有序合采技术体系	研究煤系气地面分压合采关键技术、研发不同压力体系下煤系气合采技术与装备	形成煤系气地面井下联合抽采技术
煤炭与煤系气资源四维协调开发设计平台	煤炭与煤系气资源开发物理模拟	初步开发煤炭与煤系气资源四维协调开发设计平台	形成煤炭与煤系气资源四维协调开发设计平台
应用效果	形成深部煤系气赋存状态及资源预测技术、“地质+工程”甜点区优选	初步形成完整的煤系气开发技术与装备体系，完成煤系气开采模式先导工程示范	形成煤与煤系气协调开发智能平台，实现煤系气经济高效开发

5.2.4 煤矿区井下煤层气智能提浓增产抽采技术

1. 科技需求

随着人工智能等的发展，智慧矿山、无人化矿山等已经由概念逐渐向现实迈进，各类措施的高度自动化、智能化已经成为发展趋势。煤层气开发作为煤矿安全生产的前提，煤矿的智能化无人化发展也为煤层气开发利用提出了新的挑战，体现在：①目前抽采钻孔施工主要依靠人工操作，钻进辅助时间长，钻进效率低，施工人员数量多，而施工环境逐渐恶化，越来越不利于人工施工，且近距离人工操作存在重大安全隐患；②碎软复杂地层定向钻孔成孔困难，目前采用常规钻孔、底抽巷孔巷联合抽采，抽采成本高，效率低；③增渗煤体内煤层气解吸与渗流时空演化机制尚不清楚，增渗过程不可控，缺乏有效的智能监控评价手段和设备；④煤层气抽采过程中的钻孔优化设计、钻孔封孔、抽采系统缺乏智能调控手段。因此，亟须发展煤矿区井下煤层气智能提浓增产抽采技术。

2. 发展目标

井下钻进装备逐步由钻进参数随钻监测、钻进工况随钻智能识别发展为多机协作和闭环控制的智能化自适应钻进；碎软煤层定向钻孔逐渐由中风压、高风压发展为控压钻进，岩层定向钻孔逐渐由单动力、多动力复合发展为高效冲击回转钻进，并最终实现定向钻孔替代高抽巷和底抽巷；井下致裂增透技术由有水致裂向无水致裂过渡，致裂诊断技术由近源向远源发展，裂缝描述由间接手段向直接手段发展，造穴作业由远程遥控向精准智能化发展；井下煤层气智能抽采技术逐步减弱干扰因素影响，并实现智能控制抽采。总的来说，煤矿井下煤层气抽采钻孔的钻进效率、钻孔直径和钻孔深度逐渐提高，增透范围逐渐扩大，增透效果更加环保，抽采效果更加高效。

3. 技术发展方向

1）井下钻孔机器人自适应钻进及封孔技术

研制自主导航与自适应钻进定向钻孔机器人和钻进过程智能化钻具等辅助钻进装备，开发井下钻进智能组网远程监控技术与装备、智能化随钻工况监测与地质信息探查技术与装备、煤矿井下智能巡航导钻技术与装备，实现井下钻进过程中人工智能控制，提高煤层气抽采钻孔施工机械化率和自动化率。

开发井下钻孔机器人自适应钻进技术，将地面智能化和井下智能化组成一个有机的整体，通过新一代物联网及云平台，实现人、钻探装备、钻进过程信息的全融合、全交互、全集成，显著提高定向钻孔轨迹控制质量和煤层气抽采效果，降低施工人员数量，减少钻进事故发生概率，实现提质减人增效。

2）井下大面积智能分段压裂增透技术

围绕紧邻煤层顶板或煤层中水平钻进技术、完井技术、条带式分段压裂技术、分段造穴技术等，开发绿色、高效、低成本的施工材料、工艺及装备，实现单口水平井抽采影响范围覆盖首采工作面。

研制井下绿色智能分段加砂水力压裂高效抽采技术及装备、智能化超高压(140MPa)切缝致裂技术与装备、纳米材料能量源可控冲击波储层致裂技术及装备、无水致裂增产技术与装备、井下智能造穴卸压增透技术与装备，开发致裂环境动态监测评价技术、致裂储层伤害评价与诊断技术，实现致裂技术环保无害、致裂工艺精准有效与致裂装备智能操作，提高致裂抽采效果；开发煤层特征参数智能感知与分析技术，为智能精准增透提供理论基础，实现煤层内精准造穴卸压和造穴作业装备的智能化施工，为松软低渗难抽煤层的煤层气高效抽采提供新的技术途径。

开发井下智能精准增渗增产技术与装备，可确保增渗过程和增渗效果的精准监控评价，减少煤层气增渗增产过程中的资源消耗的增加和对环境的污染破坏，并可实现不同参数煤岩层的差异化精准增渗施工。

3）井下煤层气抽采钻孔全生命周期智能管控技术

煤层气抽采系统全生命周期智能管控技术方面，开发了多种煤层气抽采钻孔封孔工艺，研制了钻孔煤层气抽采多参数监控系统，但未能实现抽采参数的智能调控；尚未开展钻孔智能优化设计、钻孔智能封孔、钻孔排水技术装备、抽采系统参数的智能调控等技术研究，无法满足煤层气高浓、高效抽采的需要。迫切需要研发井下煤层气抽采钻孔全生命周期智能管控技术。

开发井下负角度抽采钻孔排水技术与装备、煤层气负压抽采参数智能调控技术与装备、自动化快速高效绿色封孔技术与装备，可有效清楚孔内积水，可靠封孔，优化控制抽采参数，充分利用定向钻孔实现高效抽采。

开发抽采工程智能设计技术，实现抽采设计参数的自主优化设计、抽采方案的自动提取、抽采系统的智能计算和选型推荐，实现抽采工程相关系统的全智能化设计，并形成最优设计方案，实现井下煤层气抽采钻孔全生命周期智能管控技术，提高煤层气抽采效率。

4）井下煤层气物理萃取提浓技术与装备

研究基于物理溶剂萃取技术的全浓度(0~100%)井下煤层气提纯工艺，开发低成本全浓度煤层气物理萃取装备，消除井下煤层气提浓过程中瓦斯浓度波动对提纯效率的影响。

4. 技术路线及应用成效

综上，2021—2035年煤矿区井下煤层气智能提浓增产技术路线及应用成效见表5-7。

表5-7　井下煤层气智能提浓增产抽采技术路线及应用成效表

	2021—2025年	2025—2030年	2030—2035年
井下钻孔机器人自适应钻进及封孔技术	孔内外钻进参数监测与多机协作自动控制	地层与钻进工况随钻智能识别	全闭环自动控制和多机智能协作的自适应钻孔施工

续表

	2021—2025 年	2025—2030 年	2030—2035 年
井下大面积智能分段压裂增透技术	分段加砂水力致裂与超高压切缝致裂、远程控制的安全造穴； 增渗煤体内煤层气解吸与渗流时空演化机理	可控冲击波致裂、差异化精准造穴； 增渗钻孔产气低谷区再压裂增产技术	无水致裂、智能造穴； 改性液体压裂-保压强化增渗技术及装备
井下煤层气抽采钻孔全生命周期智能管控技术	负角度钻孔排水	绿色封孔	抽采参数智能调控
井下煤层气物理萃取提浓技术与装备	基于物理溶剂萃取技术的全浓度煤层气提纯工艺	低成本全浓度煤层气物理萃取撬装装备	示范应用
应用效果	碎软煤层定向钻孔成孔深度≥300m； 高位定向钻孔一次成孔直径≥200mm	碎软煤层定向钻孔成孔率≥80%； 高位定向钻孔一次成孔直径≥250mm	碎软煤层定向钻孔成孔效率提高 30%； 高位定向钻孔钻进效率提高 30%

5.2.5 煤矿区煤层气开发技术发展路线图

根据煤矿区煤层气开发技术发展科技需求与发展趋势，结合潜力评价结论，以提高地面井抽采产量、生产矿井地下抽采增产提浓为主线，提出重点突破采动区煤层气高效抽采、关闭矿井煤层气高效抽采等技术方向，编制了 2021—2035 年煤矿区煤层气开发技术路线图(图 5-5)。

到 2025 年突破地面井“排抽一体”煤层气连续开发技术和待建矿井碎软突出煤层煤层气地面高效抽采技术；到 2030 年，突破薄煤层难采煤区煤层气地面抽采关键技术、关闭矿井煤层气资源评价及“甜点”优选技术、井下大面积智能分段压裂增透技术等，实现高强度无煤柱采动井抽采、大空间高强度下井上下立体开采、智能增渗、智能封孔等，并完成部分煤矿采动区煤层气分区联动地面井全域抽采技术的试验示范任务；到 2035 年实现煤系“三气”合采、关闭矿井资源规模化开发、自适应钻机、智能精准增渗。

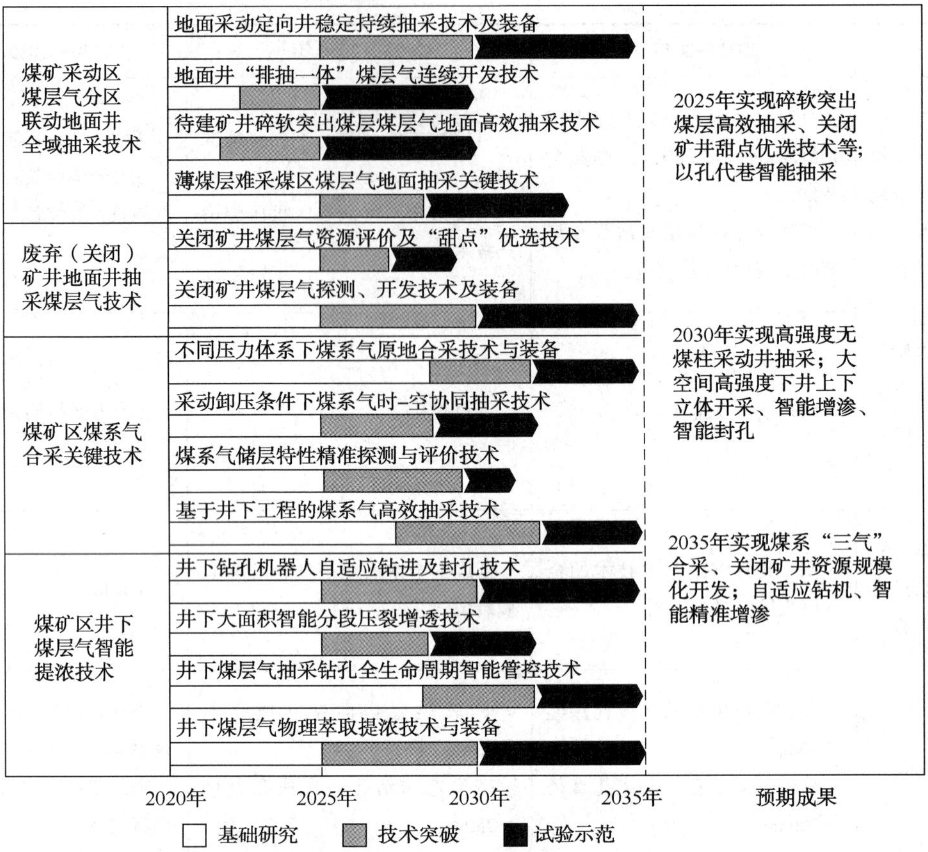

图 5-5　2021—2035 年煤矿区煤层气开发技术路线图

5.3　煤矿区煤层气利用技术发展路线

我国煤矿区煤层气利用率低的主要原因是低品质的煤层气占比过高，缺乏经济高效的低浓度煤层气利用技术。目前，煤矿区煤层气利用技术主要集中在浓度大于 30%的中高浓度煤层气上，甲烷浓度 10%以下利用量很少，基本没有利用。

通过大型油气田及煤层气开发国家重大科技专项的实施，攻克了相关技术并实现了应用示范，“十三五”期间形成了不同浓度的煤层气梯级利用技术。但是，研发技术和装备在推广上还有一定的局限性，主要表现为初期投入大、运行成本高，经济效益与利用的煤层气浓度和规模密切相关，小规模的利用经济效益差，愿意应用的煤矿较少。而我国煤层气抽采规模较小的矿井占比较大，矿井也比较分散。所以，要尽快提高煤层气利用率，一方面需要完善和推广现有低浓度煤层气利用技术；另一方面，急需研发便于大面积推广、具有经济效益的低品质小规模煤层气利用技术及装备，尤其是针对小规模分散式矿井，发展能够提高经济效益的利用技术和储运技术。基于此需求，提出了煤矿区煤层气分布式经济高效利用技术。

5.3.1 煤矿区煤层气分布式经济高效利用技术

1. 科技需求

我国煤矿大多远离城镇，地区偏远、分布较散、小煤矿占比大，导致输送管路铺设投入大，且中低浓度煤层气输送风险高、加压难度大、规模化利用难度大。现有开发应用的低浓度煤层气利用技术受气源分散、抽采量和浓度不稳定的影响，存在长周期运行不稳定、装置占地大、移动不灵活、运行成本及能耗高、调控技术难以协同控制等问题。亟需完善升级发展中的煤矿区低浓度煤层气高效快速利用技术及装备，尤其是分布式经济高效利用技术。

2. 发展目标

完善升级现有低浓度煤层气高效利用技术及装备，攻关和储备一批新工艺技术和装备，实现低浓度煤层气提纯技术规模化应用，尤其是爆炸限内低浓度煤层气的有效利用，形成煤矿区煤层气分布式高效经济利用技术体系，促进煤层气利用的集约式发展，为提高煤矿区煤层气利用率、缓解能源和环境方面压力提供技术支持。

通过适应不同规模的低浓度煤层气利用技术及装备的研发与推广，为煤矿区全浓度范围的煤层气(瓦斯)分离转化利用提供多元的利用途径。实现低浓度煤层气本质安全型高效快速规模化提纯技术等发展中利用技术和微型、模块式装备规模化利用。低浓度煤层气大通量快速分离提浓等新一代技术实现中试放大验证和工业示范。通过适应不同规模的低浓度煤层气利用技术及装备的研发与推广，为煤矿区浓度5%以上的煤层气(瓦斯)提纯合成利用提供多元的物化途径。

3. 技术发展方向

分布式发电与储能技术的结合大大提高了系统的能源利用率，改善系统的稳定性、可靠性以及经济性。煤矿区煤层气分布式经济高效利用技术包括以下四项关键技术：低品位气源分布式发电技术及装备、分布式煤层气储能技术及装备、低浓度煤层气大通量快速分离提浓技术及装备和小型高效煤层气蓄热氧化技术。

1）低品位气源分布式发电技术及装备

当瓦斯浓度为5%~16%时，煤层气易爆炸，并释放巨大的能量。低浓度煤层气发电技术正是利用其爆炸推动引擎做功，从而产生电能。目前我国低浓度煤层气发电装机总容量约为200万kW，发电站400余座。晋煤集团等已经成功投运多座分布式低浓度煤矿区煤层气发电站项目，如芦家峪6MW瓦斯发电项目、成庄46MW分布式瓦斯发电项目等，市场前景较好，实现了就地转化、自发自用和多余上网。但我国的煤层气发电产业仍存运行成本较高、经济性差、开机率低等问题亟待解决。主要存在煤层气浓度波动大、气源不稳定，煤层气还有粉尘等导致输送阻力大等因素。

针对难以利用的低浓度煤层气，难以长距离运输等问题，实现就地利用是最好的解决方案，低品位气源分布式发电不仅节能环保，而且高效可靠，可以对未来大电网提供有力的补充和有效的支撑，所以基于煤层气的分布式发电技术具有广阔的应用场景。

2）分布式煤层气资源储能技术及装备

低品位气源分布式发电技术与装备必须要有配套的分布式煤层气资源储能技术及装备，针对煤层气(瓦斯)气源位置偏、分布散、量小、浓度不稳定的特点，迫切需要开发小规模分散式低浓度煤层气安全储运技术与装备，实现工业示范和规模化应用。

3）低浓度煤层气大通量快速分离提浓技术及装备

研究高分离系数、低成本的新型膜材料，优化复合膜材料的结构、极性、磁性等属性，开发多属性复合膜法提浓技术及装备；从宏观和微观尺度研究CH_4运移规律和水合物生成热力学机理，研制水合反应器，开发吸附-水合耦合分离提纯工艺技术及成套装备；研发高效能的吸收液，开发溶液吸收分离技术及装备。

基于低浓度煤层气组成特点，研究煤层气分离提纯过程多参数耦合爆炸及抑爆理论；开发低浓度煤层气快速分离用大容量吸附剂制备技术，研制连续智能化装备；研究优化煤层气利用装置效能测评系统；开发低浓度煤层气规模化高效快速提纯经济利用技术及装备，实现工业示范和规模化应用。

4）小型高效煤层气蓄热氧化技术

蓄热氧化利用技术通过抽采瓦斯与乏风或空气掺混，为蓄热氧化装置提供稳定气流。排出的高温烟气可以配套相应的余热利用系统进行余热高效利用。蓄热氧化利用系统由低浓度煤层气收集及掺混、蓄热氧化装置、余热利用系统构成，可以高效地实现低浓度煤层气的利用。当前的煤层气氧化技术处于起步阶段，在一些影响项目经济性和推广应用的关键技术和工艺难题等方面需要进一步解决，尤其是瓦斯浓度为10%及以下的低浓度煤层气蓄热氧化降耗提效技术。

近年来我国已经建成多个低浓度煤层气蓄热氧化利用项目，但是大多数未能长期运行，有多方面原因，一是因为低浓度煤层气蓄热氧化系统耗能较高，乏风处理的耗能约为30kW/万m^3左右，二是因为在热能利用方面热能调控以及安全技术方面存在缺陷。

4. 技术路线及应用成效

综上，2021—2035年煤矿区煤层气分布式经济高效利用技术路线及应用成效见表5-8。

表5-8　煤矿区煤层气分布式经济高效利用关键技术路线及应用成效

	2021—2025年	2025—2030年	2030—2035年
低品位气源分布式发电技术及装备	研发低浓度煤层气自动清洗干式阻火装置、高均匀度混配装置、余热降温与机械联脱水装置等技术，提高发电机组效率，完成技术研发和示范	建成百兆瓦级低品位气源分布式发电厂	应用推广
分布式煤层气资源储能技术及装备	完成技术研发	建设1~2个示范工程	

续表

	2021—2025 年	2025—2030 年	2030—2035 年
低浓度煤层气大通量快速分离提浓技术及装备	多参数耦合爆炸及抑爆理论研究及工艺技术优化；大容量吸附剂初步实现连续化生产；实验室开发及百 Nm^3/h 级中试放大验证	不同利用工艺装置的科学化、实用化的效能测评系统研究；大容量吸附剂实现自动化连续生产；实现万 Nm^3/d 级工业示范；分散式煤层气模块化提纯技术与装备实现千方级工业示范。建设 $2000m^3/h$ 低浓度煤层气多属性复合膜法提浓中试装置，产品甲烷浓度提高 5 个百分点以上；低浓度煤层气吸附-水合耦合提纯工艺技术及装备实现中试放大验证；低浓度煤层气溶液吸收分离技术及装备实现中试放大验证	低浓度煤层气本质安全型高效快速规模化提纯技术与装备实现规模化推广应用；分散式煤层气模块化提纯技术与装备实现规模化应用。湿式爆炸限内低浓度煤层气催化重整制合成气技术与装备实现工业示范；建立 10 万 m^3/h 低质煤层气多电场重整合成乙醇示范工程
小型高效煤层气蓄热氧化技术	优化蓄热陶瓷体、切换阀门等机构、完成节能降耗、热能高效利用等关键技术研发	研发热能调控技术、安全监控系统，进行技术完善与推广	
应用成效	解决因煤层气中的粉尘导致干式阻火装置的问题，解决煤层气抽采量与浓度不稳定，低浓度煤层气含水量大、煤层气发电效率低、开机率低等难题 解决蓄热氧化系统自身耗能较高的问题，提高装置运行效率	研发低品位气源分布式发电技术及装备，充分开发利用低品位煤矿区煤层气 研发形成安全可靠的分布式煤层气资源储能技术及装备 低浓度煤层气物理提纯利用和化学转化利用等新一代技术实现中试放大验证和工业示范	形成完整的低浓度煤层气经济高效利用技术与装备体系，通过适应不同规模的低浓度煤层气利用技术及装备的研发与推广，为煤矿区浓度 5%以上的煤层气（瓦斯）分离转化利用提供多元的物化途径

5.3.2 煤矿区煤层气利用技术发展路线图

结合潜力评价结论，以提高地下抽采煤层气利用率为主线，提出重点突破煤层气分布式经济利用技术方向，并编制技术路线图（图 5-6）。

到 2025 年，实现大通量快速分离提浓、蓄热氧化、分布式发电等；到 2030 年，实现吸附-水合耦合分离提纯、压缩液化、安全储运、区域气网集约化利用技术等；到 2035 年，实现多属性复合膜法提浓、直接合成制化工品、分布式储能等、“智能抽采-高效利用”互馈管控技术。

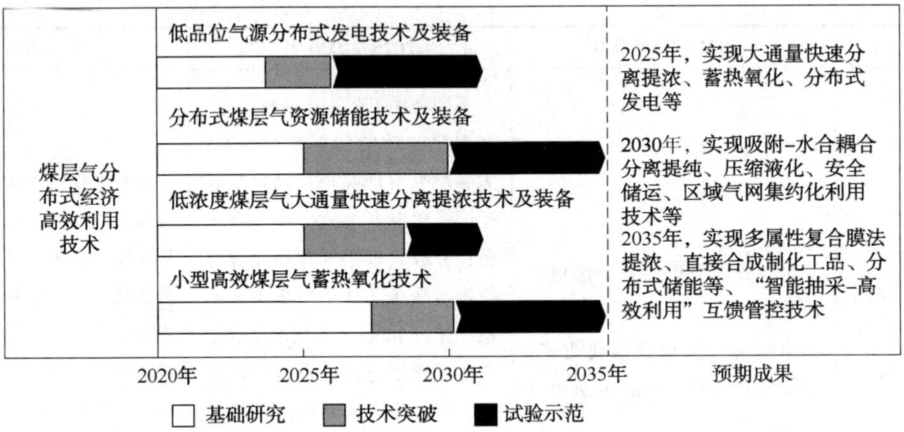

图 5-6　2021—2035 年煤矿区煤层气利用技术路线图

第6章

煤矿区煤层气开发利用发展建议

6.1 技术方面

6.1.1 加强煤矿区煤层气开发基础理论攻关

研究煤与瓦斯突出机理和控制理论，中高煤阶和低阶煤层气资源形成条件、富集规律、渗流机理等基础理论，加强深部采动围岩破坏规律及深部煤层气与煤炭共采理论与技术研究，加强关闭矿井煤层气开发技术理论攻关，注重不同地质条件、不同压力下煤层气赋存基础理论研究，建立适应我国不同煤阶类型的煤层气地质理论体系。

6.1.2 加强煤矿区煤层气勘探开发技术攻关

研发煤层气勘探开发技术及装备、煤与煤层气协调开发技术及装备、地面钻井预抽煤层气技术及装备、地面钻井抽采采动区技术及装备、高应力条件下松软煤层的抽采钻孔施工技术及装备等，积极推广使用空气钻井、快速测试、特殊储层改造技术，活性压裂技术和水平井钻井及地质导向技术，形成适合我国不同类型煤层气勘探开发核心技术及配套技术系列，不断提高装备、工具、材料的国产化水平，努力降低勘探开发成本，提高经济效益。

6.1.3 加强煤矿区煤层气提浓增产技术攻关

在提高瓦斯抽采效率、抽采浓度和低浓度瓦斯利用技术方面进行重点攻关。支持企业和科研院所开展煤矿采动区地面煤层气强化抽采技术研发、低渗煤层抽采关键工艺技术研发。

加大开展关闭矿井煤层气资源评价、抽采技术攻关，力争在关闭矿井煤层气抽采量上有突破；加大开展采动区煤层气地面井高效抽采技术攻关，提高采动区煤层气资源的抽采量；加大开展难抽煤层井下增渗关键技术攻关，支撑煤层气产量和质量的提升。

加大对煤矿瓦斯抽采利用先进适用技术和装备的推广力度，大力推广增加煤层透气性技术及装备、高效率封孔技术与工艺、地面采动井抽采煤层气技术及装备等国家重大专项科技成果，以期大范围提高抽采效果和浓度。

6.1.4 加大煤矿区煤层气利用提效关键技术攻关

针对煤层气浓度低、气源不稳定和利用经济性差等问题，鼓励低浓度瓦斯提纯和利用关键工艺技术研发，研发低浓度煤层气发电技术、撬装式煤层气浓缩液化集成制 LNG 技术、低浓度煤层气规模化提质利用技术等，实现管输利用高浓度、浓缩利用中浓度、就地利用低浓度、撬装利用零散气的煤层气(煤矿瓦斯)梯级利用目标。

6.1.5 加强技术人才队伍建设

进一步加强煤矿区煤层气抽采专业技术人员队伍建设，鼓励煤层气开发利用企业联合高等院校、科研机构，建立煤层气产业研发联盟，加速煤层气产业人才培养、技术创新、技术转化等工作，鼓励用人单位和高校联合有针对性地培养专业人才。对外不断引进瓦斯防治技术人才，并充分发挥专家队伍的力量，积极组织探索实践新技术、应用先进适用抽采装备，探索形成采煤采气一体化、开发利用产业化的瓦斯治理与利用格局，保障瓦斯抽采利用工作的顺利开展。

6.2 政策方面

6.2.1 完善煤矿区煤层气开发利用扶持政策

加大甲烷浓度大于30%(包括提浓至30%以上)的煤矿瓦斯抽采鼓励政策力度，对提高煤矿瓦斯抽采浓度的煤矿企业在财政补贴、税收减免、抽采利用工程建设等方面给予政策倾斜，调动煤矿企业在提高瓦斯抽采浓度的积极性。

对我国“十三五”期间规划新建煤层气产业化基地给予一定期限的资源税减免窗口期优惠政策。对煤层气(煤矿瓦斯)抽采利用技术改造项目所需进口的设备、仪器、零附件及专业工具，进一步加大进口税收优惠力度。

提高煤层气发电补贴标准。对于中高浓度煤层气发电，现有电价补贴基本能达到基准收益率要求，但对于低浓度与极低浓度煤层气发电而言，难以达到基准收益率，建议提高低浓度与极低浓度煤层气发电补贴标准，同时建立煤层气(瓦斯)发电价格补贴的长效机制，从根本上解决煤层气发电补贴问题。

落实国家有关规定优先安排瓦斯抽采利用建设用地，对于煤层气(煤矿瓦斯)勘探、抽采利用、管网建设等要切实保障用地。协调出台煤层气开发利用临时性用地地方标准，解决煤层气开发企业临时性用地紧缺的难题，制定与煤层气勘探开发相适应的土地利用规划政策，研究采用租赁国有未利用土地的供地方式，鼓励市县地方政府采取差异化的用地优惠政策，提振煤层气开发企业的投资信心。

6.2.2 加大煤矿区煤层气开发利用资金投入

进一步落实“加大对公益性煤层气勘探投入和基础研究的支持力度、安排专项建设基金支持煤层气开发利用项目，以及支持符合条件的煤层气企业发行债券、上市融资”等资金政策，提高煤层气开发利用中央财政补贴标准，以进一步调动企业瓦斯防治和煤层气开发利用积极性。设立中央预算内煤层气(煤矿瓦斯)开发利用专项资金(基金)，支持相关建设项目，安排专项资金支持煤层气勘探、基础研究。

完善国家、地方和企业多元投入机制。国家设立煤层气(煤矿瓦斯)开发利用专项资金

(基金)，资助提高瓦斯浓度的抽采工程和利用工程建设、相关科技研发项目立项、技术推广等；各地方政府设立专项配套资金，用于提高瓦斯浓度的抽采工程和利用工程建设以及技术推广等工作；督促各类煤炭企业足额提取煤炭生产安全费用，其中一部分用于煤层气(煤矿瓦斯)勘查开发和抽采利用项目。

6.2.3 深化健全煤矿区煤层气产业体制机制

加快落实“研究提高煤层气最低勘查投入标准和区块持有成本，盘活区块，激活勘探潜力”，对长期勘查投入不足的探矿权人，依法逐年核减其矿业权面积；对不按产品分成合同实施煤层气资源风险勘探开发的对外合作项目，依法终止合同；对具备开发条件且已获探明储量备案煤层气区块，限期矿业权人完成产能建设。

制定国家统一的关闭矿井煤层气勘探开发标准和规范，加强制定国家关闭煤矿资源开发利用全过程与实施节点技术标准和要求。建立关闭煤矿井闭坑监测制度，针对关闭煤矿设立安全监管部门，检测释放煤层气量，对后期关闭煤矿煤层气资源量评价及其勘探开发提供基础数据。进一步加大关闭矿井煤层气开发利用补贴力度，出台相应的优惠价格、税收、财政补贴等相关政策，并在进行关闭矿井煤层气抽采时，鼓励多方寻求合作，争取更多的投资公司、煤矿企业、环保企业用多种专业模式投入到关闭矿井煤层气开发中来。通过相关产业政策支持与鼓励，促进关闭矿井煤层气资源化规模开发进程。

加快落实“探索煤系地层多种气体资源综合开发新模式，鼓励多气共采”，贯彻落实《矿产资源勘查区块登记管理办法》等行政法规关于“煤成(层)气”独立矿种的相关规定，实施“煤成(层)气”独立矿种的相关规定，变更煤层气探矿权和采矿权许可证为煤成(层)气探矿权和采矿权许可证，建议修编《煤层气资源/储量规范》。允许煤层气矿业权人在其矿业权范围内依法勘探和开发赋存于煤层、砂岩、页岩等地层的煤成(层)气资源。

建立健全瓦斯与煤炭资源开发方案相互衔接、项目进展定期通报、资料留存共享等制度，总结推广采气采煤一体化的“晋城模式”、煤炭和瓦斯企业合作共赢的“潞安模式”和先采气后采煤的“三交模式”等。

6.2.4 推动低浓度煤层气利用纳入碳交易

推动将10%以下的低浓度煤层气和风排瓦斯纳入国家核证自愿减排管理体系(CCER)，将煤层气利用量纳入全国碳交易市场中进行交易，充分利用市场机制，激发市场活力，提高企业加大低浓度煤层气利用的积极性，推动煤层气产业发展。

参 考 文 献

[1] 曹佐勇，何学秋，王恩元，等. 新建突出煤矿"先抽后建"模式与实施路径[J]. 煤炭学报. 2016，41(S2)：425~433.

[2] 陈小平. ZYWL-4000SY 型煤矿用全自动钻机的研制及应用[J]. 矿山机械，2017，(7)：17~19.

[3] 国务院发展研究中心资源与环境政策研究所. 中国能源革命进展报告(2020)[M]. 北京：石油工业出版社，2021.

[4] 韩宝山. 废弃矿井煤层气资源开发潜力评价方法研究[D]. 陕西：煤炭科学研究总院西安分院，2003，7.

[5] 贺天才，王保玉，田永东. 晋城矿区煤与煤层气共采研究进展及急需研究的基本问题[J]. 煤炭学报，2014，39(9)：1779~1785.

[6] 胡千庭，孙海涛. 煤矿采动区地面井逐级优化设计方法[J]. 煤炭学报，2014，39(9)：1907~1913.

[7] 贾建称，陈晨，董夔，等. 碎软低渗煤层顶板水平井分段压裂高效抽采煤层气技术研究[J]. 天然气地球科学，2017，28(12)：1873~1881.

[8] 晋香兰. 煤矿区煤与煤层气协调开发模式的探讨--以晋城矿区为例[J]. 中国煤炭地质，2012，24(9)：16~19.

[9] 矿区煤层气开发项目组. 煤层气与煤炭开发理论与技术[M]. 北京：科学出版社，2021.

[10] 李彬刚. 芦岭煤矿碎软低渗煤层高效抽采技术[J]. 煤田地质与勘探，2017，45(4)：81~84.

[11] 李国富，李波，焦海滨，等. 晋城矿区煤层气三区联动立体抽采模式[J]. 中国煤层气，2014，11(1)：3~7.

[12] 李全贵，翟成，林柏泉，等. 低透气性煤层水力压裂增透技术应用[J]. 煤炭工程，2012，1(1)：31~33.

[13] 李守国，姜文忠，贾宝山，等. 低透气性煤层致裂增透技术应用与展望[J]. 煤炭科学技术，2017，45(6)：35~42.

[14] 李树刚，林海飞，赵鹏翔，等. 采动裂隙椭抛带动态演化及煤与甲烷共采[J]. 煤炭学报，2014，39(8)：1455~1462.

[15] 李雪飞. 低浓度煤层气变压吸附提质利用技术现状与展望[J]. 洁净煤技术，2018，24(4)：19~24.

[16] 刘见中，沈春明，雷毅. 煤矿区煤层气与煤炭协调开发模式与评价方法[J]. 煤炭学报，2017，42(5)：1221~1229.

[17] 刘见中，孙海涛，雷毅，等. 煤矿区煤层气开发利用新技术现状及发展趋势[J]. 煤炭学报，2020，45(1)：258~267.

[18] 刘丽民，苏现波，李金海. 河南省煤层气储层压力特征及其形成机制[J]. 煤田地质与勘探. 2009，37(05)：23~27.

[19] 刘小华. ZKL-4000SY 自动钻机机械手液压系统设计[J]. 机床与液压，2017，45(15)：67~70.

[20] 刘小磊，吴财芳，秦勇，等. 我国煤层气开发技术适应性及趋势分析[J]. 煤炭科学技术. 2016，44(10)：58~64.

[21] 罗申国，宋沛鑫，冯大伟. 我国煤层气开发利用现状及综合利用途径分析[J]. 煤炭加工与综合利用，2020(07)：83~87.

[22] 孟召平，师修昌，刘珊珊，等．废弃煤矿采空区煤层气资源评价模型及应用[J]．煤炭学报，2016，41(3)：537~544.

[23] 宁宇．我国煤矿区煤层气开发利用技术进展[J]．煤炭科学技术，2013，41(1)：12~15，73.

[24] 秦勇．煤系气聚集系统与开发地质研究战略思考[J]．煤炭学报，2021，46(8)：2387~2399.

[25] 秦勇．中国煤系气共生成藏作用研究进展[J]．天然气工业，2018，38(4)：26~36.

[26] 任辉，吴国强，宁树正，等．关闭煤矿的资源开发利用与地质保障[J]．中国煤炭地质，2018，30(6)：1~9.

[27] 申宝宏，刘见中，雷毅．我国煤矿区煤层气开发利用技术现状及展望[J]．煤炭科学技术，2015，43(2)：1~4.

[28] 申宝宏，陈贵峰，等．煤矿区煤层气产业化开发战略研究[M]．北京：中国石化出版社，2013.

[29] 申宝宏，刘见中，雷毅．我国煤矿区煤层气开发利用技术现状及展望[J]．煤炭科学技术，2015，43(2)：1~4.

[30] 申宝宏，赵旭生，等．煤矿区煤层气开发利用潜力研究[R]．北京：国家能源局，中国煤炭科工集团有限公司，2016，12.

[31] 孙东玲，孙海涛．煤矿采动区地面井瓦斯抽采技术及其应用前景分析[J]. 2014，42(6)：49~52.

[32] 孙庆虎．中国煤系气勘探开发前景展望[N]．中煤地质报，2018，1，15(2).

[33] 王虹桥，徐水师，彭苏萍．煤层气勘探与开发利用技术[M]．徐州：中国矿业大学出版社，2007：84~119.

[34] 王清峰，陈航．瓦斯抽采智能化钻探技术及装备的发展与展望[J]．工矿自动化，2018，44(11)：22~28.

[35] 韦重韬，傅雪海，秦勇．煤层气地质学[M]．徐州：中国矿业大学出版社，2007：55~57.

[36] 巫修平，张群．开发模式和增产技术对煤层气采收率影响研究[J]．中国煤层气，2014，11(2)：20~24.

[37] 巫修平．碎软低渗煤层顶板水平井分段压裂裂缝扩展规律及机制研究[D]. City，2017.

[38] 吴立新，赵路正．煤矿区煤层气利用技术[M]．北京：中国石化出版社，2014.

[39] 吴立新，赵路正，等.《煤层气(煤矿瓦斯)开发利用“十三五”规划中期评估报告》[R]．煤炭科学研究总院，2018.

[40] 谢和平，周宏伟，薛东杰，等．我国煤与瓦斯共采：理论、技术与工程[J]．煤炭学报，2014，39(8)：1391~1397.

[41] 徐凤银，陈东，等．煤层气(煤矿瓦斯)勘探开发技术进展及发展方向[M]．北京：科学出版社，2020.

[42] 徐宏杰，桑树勋，黄华州．煤矿区卸压瓦斯地面井破坏机理研究[J]．水文地质工程地质，2014，41(6)：122~127.

[43] 张维，徐华龙，殷大发．煤与煤层气协调开采三维可视化关键技术[J]．煤矿安全，2018，49(4)：96~98.

[44] 赵路正．煤矿区煤层气利用对策及技术综合评价研究[D]．北京化工大学，2010.

[45] 中国石油大学(北京)，煤与煤层气共采国家重点实验室，等．煤层气(煤矿瓦斯)开发利用研究[R]. 2020.

[46] 周西华，毕建乙，王海东，等. 高瓦斯低透气性煤层水力压裂增透技术研究[J]. 世界科技研究与发展，2015，37(3)：243~246.

[47] 朱菁，王长元，张武，等. 含氧煤层气流量变化对液化工艺影响的模拟研究[J]. 矿业安全与环保，2014，(5)：1~4.

[48] 朱菁，肖露，王长元. 低浓度含氧煤层气深冷液化工艺安全方法研究[J]. 矿业安全与环保，2013，(6)：82~86.